瞬間思考

SHUNKOU

瞬考

メカニズムを捉え、
仮説を一瞬ではじき出す

掌握機制、建構假說，
不被淘汰的新時代關鍵思考力

山川隆義
YAMAKAWA TAKAYOSHI
駱香雅 譯

方舟文化

瞬間思考

「請提出有趣的假說。」

我才剛進入策略顧問公司沒多久，就有人這麼對我說。

話說回來，什麼是有趣的假說呢？

「大家尚未察覺到，但值得關注的事情」就是有趣的假說。

眾人皆知的事情根本不算是假說。

如果採取與他人相同的觀點，或者在相同範圍內思考，
無法提出任何有趣的假說。

拉長時間軸並從廣泛角度思考，
才能夠從腦中擠出新穎的假說。

這就是所謂的「聞一知十」，
也就是得知一件事便可推知十件事情。

想達到「聞一知十」的境界有其方法。
這個方法就是「聞一查十」，
也就知道一件事就查詢十件相關的事。

落實「聞一查十」的基本功，
持之以恆地實踐五年，甚至十年。
努力為自己輸入和累積的知識將成為龐大的「知識資產」。

大腦中累積了大量的案例和現象，並建立起龐大的「知識資產」後，
只要在思考時，有意識地拉長時間軸，你就能夠立即提出假說。

只要能提出假說，你就會知道自己應該做什麼事情。

身處在萬物互聯的現代社會中，
知道自己該做什麼，就能聚集最適合的人才並付諸實行。

做到這一點，你就能用最少的精力和最快的速度推動工作。
而扮演這個角色的人，就是「商業製作人」。

創新的生成式人工智慧（ＡＩ），
如 ChatGPT 等開始陸續登場。

想要善用ＡＩ，就要明確提出指令，
告訴ＡＩ「要做什麼」，如此設定目標至關重要。
而為了設定目標，你需要充分掌握「課題」
並具備提出假說的技能。

只要在目標和課題皆明確的情況下，對ＡＩ下達指令，
ＡＩ就能立即提供「答案」。
ＡＩ時代，應該會成為假說的時代。

能讓大腦靈光一閃，快速提出假說的思考方法。
就是「瞬間思考」。

前言

在本書當中，我要介紹的是能做到瞬間思考，快速提出假說的思考方法，以及在新時代出現的職務類型——「商業製作人」（Business Producer）。

隨著網際網路的發展，不只物品，連同人在內，萬事萬物都處於互聯狀態。

雖然「網路時代」等議題已經討論了一段時間，但我覺得很少有商業人士能夠將「網路時代」所引發的變革應用於日常工作和個人思維之中。

如果回顧ＩＴ的歷史和原理就會明白，萬物互聯就意味著將會出現少數掌握「選擇權」的人，以及絕大多數等待「被選擇」的人。

所謂掌握「選擇權」的人，即是指創造事物、實現目標的商業製作人；而「被選擇者」則是指在實現的過程中，負責部分工作的專業人員。

我認為自平成時代（一九八九年~二〇一九年）以來，「為了增加自身市場價值，以成為專家為目標」的論調就廣為流傳。至今依舊瀰漫著這股風潮，但凡認真對待自我人生的商務人士都會試圖努力提高身為專業人士的技能。

掌握「選擇權」的商業製作人
等待「被選擇」的專業人員

但是，這樣的認知卻可能讓自己走進職業生涯的死胡同。

因為在「網路時代」的商業世界裡，商業製作人採取的戰鬥方式是將實現目標所需的行動分解成最小單位，再將需要的專業人員分配到所屬單位中，因此完成這件事所需要的專業人員數量會比以往更為精簡。

這就好比在拍攝電影時，男主角是這個人、女主角是那個人、配角是這些人，除此之外便不需要其他演員一樣。

說得極端一點，商業製作人是在全球範圍中尋找頂尖專家，再從中挑選出適合的人並做出最好成果的「勝利組」。相反地，失敗組則無法借助他人力量，僅能憑一己之力單獨作業，產出最低程度的成果。可以預想，這兩者的未來將呈現兩極化的發展。

即使憑藉著努力在自己的專業領域中登上最高地位，但由於時代正在加速變遷，很可能在某一天，這個世界便突然不再需要該專業領域了。

最近ChatGPT等各種生成式ＡＩ如雨後春筍般出現，未來甚至也存在不一定由人類來完成工作的風險。

提出假說的能力將為你聚集人才

本書將告訴你如何成為商業製作人，也就是掌握「選擇權」的人。

然而，想要成為商業製作人，必須有能力聚集並整合包括人力、物力、金錢等在內的所有資源，而這一切的起點就是**「瞬間思考」**。

如果無法讓對方覺得「這個人很有趣」、「如果是這個人的企劃案，我願意助他一臂之力」、「如果是這個人的話，我願意介紹自己的人脈給他」，你可能無力完成招募人才的工作。

為了做好招募人才的工作，你必須具備實力。

這項必備的實力就是——快速提出能夠打動人心、「對方應知而未知」的假說。以提出假說的實力為起點，他人將願意助你一臂之力。

與願意提供協助的人們攜手合作，細心完成每一項工作，便能進而逐漸累積人際網絡。

隨著人際網絡的擴大，你會發現身旁有越來越多可靠的夥伴，遇到問題時，你便知道「如果問這個人，應該能立即解決這個問題」。

不斷重複這個循環，就是成為商業製作人的途徑。

只要透過這種方式不斷累積工作經驗，所謂的「虛擬知識網絡」就會儲存在你的腦海中。

如果能夠確實掌握「什麼人知道什麼事情」（有能力解決、拿手領域），並且持續擴大這張人際網絡，你就會有能力瞬間引導出他人無法想到的假說。

「瞬間思考」和「商業製作人」這兩者密不可分，彼此息息相關，這也是我將「瞬間思考」和「商業製作人」放在同一本書中探討的原因。

如果你能建構起這樣的虛擬知識網絡，當周遭的對手還在靠自己的大腦思考解決對策時，你只需打一通電話、發出一條訊息告訴他人：「我正在因為某個問題而苦惱，方便和你討論一下嗎？」即可在一瞬之間推動業務。

一種是需要耗費好幾個月才能釐清問題的工作方式；另一種則是在短短幾分鐘內，不僅釐清問題，還能迅速得出解決對策的工作方式。

兩者之間的鴻溝應該大到永遠無法填平吧？

假說與AI

雖說「商業製作人」是公司裡的某種職務名稱，但我認為它並不是一個常見的詞彙。換句話說，如果從現在開始實踐本書傳達的內容，可想而知你也將與他人出現巨大的差異。

不只是ChatGPT，今後五花八門的ＡＩ工具應該會繼續如雨後春筍般陸續問世。能否熟練地使用這些工具，想必會讓人在工作效率上也出現壓倒性的差距吧。

想要將工作任務交給ＡＩ工具處理、運用自如，你就必須**下達指令**。

無論交辦工作任務的對象是專業人員還是ＡＩ，下達指令的一方都得設定目標、清楚地告訴對方要「做什麼」，這一點極為重要。

只要設定大目標，即可進一步將其分解成中目標和小目標，再由最適合實現這個目標的人才，或是ＡＩ工具來執行任務。

為了設定目標，你需要具備的是**建立假說，讓「課題」更為明確**的能力。

讓課題更為明確的重點在於，要設定多長的時間軸、涵蓋多廣的範圍。因為課題本身可能會隨著範圍的不同而發生變化。

在時間較短且小範圍內尋找課題非常簡單，但在那個範圍內找到的課題大抵都是無人不知、無人不曉的事情，若用自以為是的口吻講述這些事情，他人可能只會輕描淡寫地說：「這種事還用你說，我早就知道了。」而涵蓋時間較長、範圍較廣的課題，效果則與之截然不同。

身處在ＡＩ時代，為了鍛鍊建立假說的能力、提高發現課題的能力，我們需要多從較長的時間軸和更廣的涵蓋範圍來思考。

為此，你必須讓自己增廣見聞。

隨著ＡＩ的進化，博雅教育將更為重要——也就是人文素養的深度。

無論是瞬間思考還是對ＡＩ下達指令，擁有深厚的人文素養至關重要。

正因為具備深厚的人文素養，所以才能夠提出假說。倘若大腦中沒有足夠的素材，又該如何產生假說呢？

人之所以能夠下達指令是因為具備提出假說的能力。如果無法提出假說，自然也無法給予指令。

在ＡＩ加速發展的世界中，是否具備建立假說的能力，想必將成為生死攸關的關鍵吧！

接下來，本書將告訴你如何培養這種建構假說的能力。

掌握關鍵點，就能立即導出假說

對於提出敏銳而鋒利的假說而言，真正重要的關鍵點其實非常少。只要確實掌握這些極少數的關鍵點，任何人都能提出有模有樣的假說。

以往曾經閱讀過談論「思考方法」書籍的讀者，不妨再重新閱讀那些書籍的內容。出乎意料的是，坊間很少有書籍講述「為了提出假說，你應該做的事」。

因此，本書的首要目標是讓你「能夠做到」瞬間思考，並提出敏銳而鋒利的假說，同時也結合我的親身經驗和各種案例，以淺顯易懂的方式加以說明。

提到顧問工作，或許很多讀者的印象是得製作數百張有點複雜的投影片。

雖然會有這種印象也沒錯，不過，與高階管理層討論企業改革時所使用的資料，其實只需要用WORD製作幾頁內容淺顯易懂的文件即可。

實際上，我在與客戶討論時，也經常使用簡明扼要的WORD文件。

我認為這個方法同樣也適用於「改變讀者思維」的商業書籍。

我希望能以簡潔易懂的方式傳達出讀者真正需要的內容。

第3章 瞬間思考的實踐案例

第4章 瞬間思考和商業製作人

第1章

腦中能湧現出假說是因為你「知道」

仮説が湧くのは「知っている」から

01

YOASOBI為何能屢創佳績？

「我希望你在下星期內想出一個超越雙人音樂組合YOASOBI的概念。」

假使你是新手音樂製作人，你能針對這個課題在片刻之間提出假說嗎？

二〇二〇年，YOASOBI的〈向夜晚奔去〉（夜に駆ける）榮登日本告示牌熱門百大單曲榜（Billboard Japan Hot 100）的年度榜首。儘管YOASOBI已經奠定了頂流歌手的地位，但他們是首組未發行實體單曲CD就拿下年度榜冠軍的歌手。自此之後，YOASOBI也屢創佳績。

一般而言，藝術家或歌手的作品通常都是根據自身戀愛經驗和生活體驗而作。不過，YOASOBI的創作來源有別於他人。他們是以「小說原作」為靈感來創作歌曲的。

無論藝術家多麼才華洋溢，如果創作來源只靠自身經歷，總有一天會面臨江郎才盡的困境。假使到了四十歲、五十歲還在創作歌曲，當然也可能會發生沒有素材可用的情況。

但是，由於YOASOBI的靈感來源是以小說為原型，因此可以創作出無數作品。即使自身的經驗有限（舉例來說，就算是自己的戀愛經驗或朋友的經驗談，頂多也就是幾十個左右吧），但反觀小說，在網路興盛的今日，網路上充斥著取之不盡、用之不竭「未經加工的寶石」，可以用來創作歌曲。

因此，對於YOASOBI來說，基本上沒有「創作素材枯竭」的可能性，他們可以源源不絕地創作歌曲。再加上他們採用的是年輕作家的小說，還能將年輕人獨有的感性融入歌曲創作之中。

除此之外，他們也將歌曲配上動畫。第一首歌曲〈向夜晚奔去〉的動畫，就是出自當時還在東京藝術大學就讀的創作者Ai Niina（藍にいな）之手。

把小說當成創作素材，動畫部分交給動畫師處理，由Ayase負責作詞作曲，ikura擔任主唱，每個人各司其職負責完成自己的部分。這種分工結構已被視為創作出熱賣作品的嶄新「機制」之一。

接下來，不妨試著思考一下今後創作出「熱門歌曲的法則」吧！

在這種機制的運作下，今後YOASOBI很可能持續創作出大受歡迎的歌曲。只要與優秀的創作者合作，就能從世界各地募集小說和動畫，並可以挑選出「最棒的作品」。在不久的將來，以加拿大小說為創作原型，與英國的創作者共同譜曲寫詞，再交給中國的動畫師製作動畫，並且YOASOBI唱的不是日文歌，而是英文歌——即使出現這種模式也不足為奇。

只要推出了大受歡迎的作品，全世界的創作者都會慕名而來吧！

如果不只是獨靠自己的能力，而是借用全世界有能之士的才華，就能提高屢創佳績的可能性。

順道一提，韓國流行歌曲K-POP就是從世界各地招募來作詞、作曲和編曲的創作者，並從中篩選出適合人選的。

因此只要成為了像ＢＴＳ（防彈少年團）這樣的國際級藝人，就能收到來自世界各地的音樂，也就能從中挑選出「最棒的作品」。進而形成「為勝利組提供最佳歌曲」的架構。

只要弄清楚YOASOBI的機制，不難預見今後應該還會出現更多相同類型的藝人。此外，想要推出大受歡迎的作品，製作人也必須要有能力去從世界各地找到動畫家，或作為創作原型的小說和歌詞、歌曲，可想而知這個角色將能夠發揮出巨大的影響力。

從這個機制來看，無論是ＢＴＳ還是YOASOBI應該都會持續推出深受喜愛的作品，而且未來應該也會再出現如此類型的藝人吧。

只不過，在試圖打造相同類型的藝人時，製作人也掌握著成敗關鍵。換言之，我們甚至可以提出一種假說，那就是決定成敗的關鍵在於——是否存在能夠「整合」全球創作者及其作品的優秀製作人。

接下來，讓我們回到一開始提出的問題吧。

「我希望你在下星期內想出能超越YOASOBI這個音樂組合的概念。」

如果你還記得我前面曾說明過的內容，現在是否覺得自己好像也能夠提出某種假說了呢？

我之所以會有這種想法，理由在於：

—我原本就知道YOASOBI。

—我知道他們如何創作歌曲。

—我知道他們如何製作音樂影片（PV）。

—我知道K-POP如何創作歌曲。

說實在的，大腦能湧現假說**「就只是因為知道而已」**。

因為知道，所以立即想到。
意識到這一點的重要性，就是為學習瞬間思考跨出第一步。
只要吸收各種資料和現象，並從中釐清機制，大腦自然會湧現出各種假說。

瞬考
01

能夠立即想起已知的事情，這就是實踐瞬間思考的第一步。

02

一無所知地進入顧問業

或許有些讀者認為：「這些能夠活躍於顧問業的人，原本就才華洋溢，所以才能瞬間湧現假說吧？」但這是一個誤解。

我從理工科研究所畢業之後，進入一家名為橫河惠普公司（現為日本惠普公司）的製造商擔任系統工程師。幾年後，就在我三十歲生日那天，糊里糊塗地跳槽到了「波士頓顧問集團」（Boston Consulting Group，以下簡稱ＢＣＧ）這間策略顧問公司。

與我同期進入公司的同事全都是來自銀行界或貿易公司等一流企業的人。

而且幾乎所有人都是畢業於海外名校，擁有ＭＢＡ學歷的高材生。其中只有我是既沒有留學經驗，也沒有任何經營管理或經濟相關知識就進入公司的人。

儘管我相當後悔在自身條件惡劣的情況下進入這間公司，但也為時已晚。進入公司之後，甚至在兩個月內都沒有被分配到什麼像樣的專案。

「公司肯定是搞錯了才會錄用我吧？」、「如果我一直這樣毫無戰力，會不會有一天被開除啊？」正當我胡思亂想的時候，公司將一份機械製造商的新機型開發專案分派了給我。

專案啟動後，專案經理詢問小組成員道：「雖然專案才剛剛起步，但對於應該開發哪種新機型，大家有沒有什麼大膽的假說呢？」

大膽的假說……就連提出普通的假說都有困難了，更別提什麼大膽的假說了。

雖然專案經理輕描淡寫地說：「話說回來，在各種調查的過程中，現階段的假說也會有所改變。總之大家加把勁吧！」但聽他講完後我只感到茫然不知所措。

在前一家製造商工作時，我唯一的經驗就是謹慎地完成上司交辦的任務，所以從來不知道到工作還需要思考假說。

在這家公司工作，原來還需要思考什麼假說嗎……？

這是我在工作中第一次被要求提出假設，堪稱是值得紀念的日子。

我之所以換工作並不是因為「想要成為顧問」這類明確的理由，而是出於朋友偶然的一句話。

高中時期的朋友H先生曾任職於安盛諮詢（Andersen Consulting，現在的埃森哲公司Accenture），他跟我說：「ＢＣＧ好像正在招聘熟悉ＩＴ領域的人，你不妨去應徵看看」。

我試著爭辯說：「如果換工作的話，你任職的安盛諮詢或ＩＢＭ等系統相關的公司不是更好嗎？」但是，他跟我說：「在ＩＢＭ或安盛諮詢這類公司內有很多懂

ＩＴ的專業人才，你會被埋沒其中，與其如此，還不如去這類人才較少的公司。」

Ｈ先生說完這句話就離開了。

雖說如此，我連怎麼到ＢＣＧ應徵工作都不知道。

就連ＢＣＧ的業務內容我也知之甚少。

然而幾天後，我翻閱報紙時，便在求職廣告欄上看到了ＢＣＧ招聘顧問的徵才廣告。雖然現在的報紙上幾乎沒有徵才版面，但當時的報紙刊登有很多徵才廣告。

投遞履歷表之後，順利地收到了面試通知。我完全沒思考面試官會問些什麼問題、應該如何應答等等，儘管我是在一無所知的情況下參加面試的，不過面試過程很嚴謹，當天總共與七位面試官面談。我跟最後一位面試官的對話就像兩人在討論事情一樣，我心想：「不會搞砸了吧？」雖然我不清楚自己究竟是哪裡表現得不錯，總之後來ＢＣＧ的錄取通知書送達了我家。

至今我依舊不知道自己做對了什麼。

幾天後，我親自前往ＢＣＧ的辦公室，迅速地在錄取通知書上簽名，決定換工作。在我當場簽名之後，負責招聘的女性員工露出有點驚訝的表情。「您沒去麥肯錫等其他公司面試嗎？」她開口問道。於是我認真思考並反問她：「您的意思是建議我參加其他面試嗎？」不過，她回答我：「不是，沒有這個必要。」隨後便拿走了已簽名的錄取通知書。

她似乎認為我會和當時許多應聘者一樣，等收到麥肯錫或其他諮詢公司的面試結果之後再來做決定。

後來我也負責過ＢＣＧ的人才招聘工作，直到那時我才發現在我任職期間，沒有任何應聘者是收到錄取通知書後就立即簽名的。

就這樣，我在懵懵懂懂的情況下決定進入ＢＣＧ工作。

瞬考 02

即使在一無所知的情況下進入顧問業的人也能提出假說。
只要掌握重點，任何人都能夠提出假說。

03

即使閱讀再多假說相關書籍也無法構思出假說

當時我已經意識到自己的程度遠遠落後於同期進入ＢＣＧ的同事，所以只要一有空，我就會嘗試閱讀與經營管理有關的書籍。

雖然現在坊間出版了許多假說相關書籍，但在一九九五年時，根本找不到這類出版品。

再者，也不太可能因為閱讀過這類書籍，假說就能源源不絕湧現出來。

自從進入ＢＣＧ後，我便開啟了諮詢顧問的職業生涯，後來參與得愛企業管理諮詢公司（Dream Incubator Inc. 以下簡稱「ＤＩ公司」）的創業過程，也曾擔任過總經理等職務，在策略顧問領域有長達二十五年的經歷，雖然我認為自己能比他人更快提出假說，但我完全不認為光靠閱讀假說或經營管理書籍，就能靈光一閃湧現假說。

相較於此，我更傾向於將近十年的《公司四季報》（会社四季報）死背硬記下來（我稱之為「完整背誦四季報」），或是仔細閱讀《日經商業》（日経ビジネス）、《日經電腦》（日経コンピュータ）和《日經電子》（日経エレクトロニクス）等商業雜誌的文章，以及刊登在雜誌上的廣告，這些方法對於培養建立假說的能力有所助益（其實我並不是覺得「完整背誦四季報」有意義才這麼做，只是因為種種原因偶然為之罷了。但是，這個偶然的行為卻奠定了我顧問職業生涯的基礎。詳細情況，請容我後述）。

廣告能反映出當時的市場狀況，因此具有參考價值，總之在商業雜誌內刊載了許多案例。換句話說，這些都是「案例的寶庫」，如果能吸收這些資訊，將成為建立假說能力的泉源。

透過「完整背誦四季報」將企業相關資料儲存在大腦中，對於建立假說而言是個非常重要的基本功。

因為當你將大量的現象和案例加以模式化並儲存於大腦中時，大腦會更容易湧現假說。記憶大量案例之後再閱讀假說類書籍，跟腦中尚未記憶現象和案例的狀態下閱讀這類書籍，兩者的效果截然不同。

ＡＩ也是如此，學習的模式越多，輸出的結果就越準確。如果大腦中沒有輸入大量的事件和現象，在面對新的現象時便無法提出假說。

從這個意義上來說，你在大腦中輸入了多少案例和現象，以及根據對這些資訊的整理方式，工作的速度也會大不相同。

順道一提，像這樣將某種現象、事物、自己的知識或經驗比喻成某種「類似的事物」的行為，就稱為**「類比」**（Analogy）。換句話說，就是在看似毫不相關的兩個事物中，找出兩者之間的關聯性。

對於建立假說而言，類比是非常重要的技巧。

乍看之下似乎不同的兩件事，往往隱藏著共通的機制。

透過發現其中的機制並輸入該機制，就可以更容易進行類比。

如此不僅可鞏固建立假說的能力，也能加快提出假說的速度。

瞬考 03

輸入資訊就是建立假說能力的源泉。

重要的是藉由類比發現機制並逐漸累積。

04

工程科學與諮詢顧問的共通之處

我剛進入ＢＣＧ工作時，具有工程師背景的策略顧問相對較少。

雖然曾經擔任麥肯錫掌門人的大前研一先生也是工程師出身，但一般來說，工程師出身的顧問算是少數。整體而言，我認為顧問多半來自貿易公司、銀行、保險公司、通產省[1]或外務省[2]的公務員、製造商，其中應該不乏事務體系和業務體系的人才。

然而，投身顧問業一段時間後，我發現工程師思維和顧問思維非常相似。

1 譯註：日本政府單位，相當於台灣的經濟部。
2 譯註：日本政府單位，相當於台灣的外交部。

身為一名商務人士，如果了解工程科學（Engineering）的基本思維，應該能與他人表現出明顯的差異化。

諮詢顧問和工程科學最相似的部分就是「根據數據和事實討論」。

一般來說，客戶在自身行業擁有豐富的經驗，因此他們通常會根據那些經驗做出經營決策。

但是，身為外部人員的顧問在這間公司內沒有任何實務經驗。除非在公司常駐多年，否則無論程度的好壞，顧問並沒有與該公司相關的經驗。

也因此，顧問才能夠在諮詢過程中以客觀的角度收集數據，藉由訪談匯集事實，並將這些數據和事實羅列出來與客戶進行討論。由於彼此之間不存在上司和下屬的人情糾葛與利害關係，因此雙方更能基於事實，開誠佈公地進行討論。

實際上，如果只有公司內部成員，很難「在討論時說出真心話」。員工因為不會察言觀色，對上司直言不諱，結果被調動到其他部門的情況也時有所聞。

能以數據和事實為基礎，並從客觀的角度討論是顧問的附加價值之一。

若要問年輕的策略顧問與資深策略顧問有何共通之處，那就是**根據事實收集資料**以及**客觀性**。

工程科學也是如此——腳踏實地收集數據資料，從中發現假說並進行驗證。經過大量的數據輸入（Input），隨之而得的便是大量的資料輸出（Output），至於為何會有這些資料輸出，則還需要釐清箇中機制、透過數學建模，再進一步使用新的數據加以驗證。

也就是反覆進行「收集數據資料→提出假說→建模→驗證→修正假說→驗證……」的過程。

說起來，反覆進行的這個「資料收集→提出假說→驗證」的過程，其實與諮詢顧問的工作並沒有太大的區別。

奠定科學管理方法的腓德烈．溫斯羅．泰勒（Frederick Winslow Taylor）被譽為顧問業的鼻祖，他在進入哈佛法學院就讀後中途退學，後來成為一名成功的技術人員，從這一點來看，他能成為顧問業的開創先鋒或許也是理所當然的事。

關於這種「收集有事實根據的數據資料和客觀性」的觀點，在日本有一本極具參考價值的書籍。這本書就是文藝春秋出版的《堀井的百業百態調查：過去無人調查過的一百個謎團》（ホリイのずんずん調査 かつて誰も調べなかった100の謎），作者堀井憲一郎是專欄作家，而這本書是將他在《週刊文春》連載的專欄內容整理而成的書籍。

我在剛進BCG工作的那段時間裡吃了很多苦頭。有天，我看到前輩I先生在佈告欄上貼了一張告示，上面寫著：「如果能夠能做出類似《堀井的百業百態調查》的分析，一定會非常有趣喔！」這就是我購買《週刊文春》來閱讀的契機。

策略顧問的工作是從對主題懵懂未知的狀態開始，在規定的期間內（大約三個月）提交最終報告。雖然這是一份收入不菲的工作，但除了文件之外並沒有其他的實體產物。

當時的我才剛滿三十歲，不可能跟大企業的經營高層談論策略，而身為一名顧問，該怎麼做才能創造附加價值，對我來說完全是未知之謎。

對當時的我來說一切都是個謎團，因為就這樣糊里糊塗地跳槽到ＢＣＧ，所以進入公司後當然歷經一番苦戰，正當煩惱不已的時候，我接觸了《堀井的百業百態調查》。

當時的我已經意識到，自己在各方面都與同期的同事相差甚遠，所以不管是什麼方法都想嘗試看看、也認為坦誠面對自己或許才是明智的做法。當我閱讀《週刊文春》連載的專欄後，頓時恍然大悟，心想：「我明白了，顧問提供的附加價值原來就是這樣啊！」

我在一九九五年十月時進入ＢＣＧ工作。堀井先生的專欄也差不多是從那時起開始連載，直到二〇一一年為止，在長達十六年的期間，專欄上刊載了五花八門的調查結果。

那不是半吊子的調查。

絕對是必須親自實地走訪才能獲得的調查結果。

而且他不僅提供調查結果，甚至還提出建議，水準幾乎堪比顧問提交給客戶的報告書。

這當中讓我印象最深刻的調查報告，是一項關於吉野家牛丼醬汁用量的調查。

在那份調查報告中，堀井先生總共走訪了一百五十四家店鋪，調查每家店所提供的「中碗」牛丼醬汁用量，然後進行分析。最後他帶著分析結果和數據拜訪吉野家總部，並明確指出儘管他在每家店都點了「中碗」牛丼，但各店鋪的醬汁用量卻大不相同。

他在四處走訪店鋪時所發現的事情，別說是吉野家的總經理，可能就連專務董事和常務董事都不知道。

「原來是這樣！如果是這樣的話，只要我努力也能做到！」

管理階層多半不了解第一線所發生的事實。

他們不知道的資訊就具有價值。

而能夠收集到這些資訊的則是公司外部的人，一個體力充沛的年輕顧問，換句話說，也就是本人在下我啦。於是我讀遍各篇《堀井的百業百態調查》，思考「何謂好的分析」，不斷摸索並從錯誤中嘗試。

雖然該專欄已於二〇一一年結束連載，但我前面也提到，專欄內容已經整理成書籍出版，至今我仍然時不時重新閱讀。

這是一本讓人越研讀越能感受到分析有趣之處的名著。

年輕人很難根據自己的經驗與客戶的經營管理階層談論事情。

但是，如果談論的內容是自己實地走訪所獲得的現場資訊，以及從分析中得出的假說，就算是年輕人也能在客戶面前侃侃而談。而對方也會願意聽取你的意見。

在《堀井的百業百態調查》一書中隱藏著這些提示，適用對象不僅是因調查或提出假說而苦惱的顧問，對於其他商務人士來說，若想要針對「對方不知道，但應該知道的事」提出假說，這本書也頗具有參考價值，因此我希望能有更多人閱讀這本書。

瞬間思考的重點之一就是絞盡腦汁想出**「對方不知道，但應該知道的事」**並提出假說。

連同這個重點在內，我將從第二章開始深入解說瞬間思考的重點。

瞬考
04

絞盡腦汁想出「對方不知道，但應該知道的事」並提出假說，這就是商務人士的附加價值。

第2章

一瞬提出假說的「瞬間思考」

一瞬で仮説をはじき出す「瞬考」

05

瞬間思考的重點

接下來，我將為你介紹瞬間思考的重點，並說明如何「自行提出敏銳而鋒利的假說」。

簡單來說，主要有以下的六項重點——

①我們所需的假說就是絞盡腦汁想出「對方不知道，但應該知道的事」。

②為了建立假說，必須探究事件和現象發生的機制。在探究機制的過程中，需要意識到「歷史」（橫軸）、「產業知識」（縱軸）以及引起事件或現象的「背景」。

③將導出的假說視為「機制」儲存在大腦中，並利用機制進行類比。

④案例的輸入量決定了導出假說的速度和精確度。

⑤能夠提出假說的人並不是「聞一知十」的人，而是「聞一查十」的人。

⑥在任何情境中都要意識到經驗曲線。

若能夠在今後的人生中意識到這六項重點並付諸實行，無論未來面對什麼樣的挑戰，應該都能成為會靈光一閃、假說湧現的人才。

相關內容將接著在本書中詳細解說。順道一提，只要能做到第一點，那麼你的能力便已經達到可以成為諮詢顧問公司合夥人的程度（這裡所謂的成為合夥人，意思就是成為諮詢顧問公司的共同經營者）。

以上就是瞬間思考的精髓所在。

儘管在本書當中會經常出現這些內容，但仍希望你能在閱讀的過程中，自主意識到這些內容的重要性。

當你能夠從內心深處理解其重要性時，應該就能夠清楚地看到「自己應該做的事」了。

瞬考 05

請將瞬間思考的重點牢記於心，並時常意識到這些重點。

06

做到這件事，便可成為諮詢顧問公司的合夥人

接下來，我想說明實行瞬間思考時的基本重點。

也就是上一章節介紹過的——**我們所需的假說就是絞盡腦汁想出「對方不知道，但應該知道的事」**。

這是我還在BCG工作時，公司同事S先生傳授給我的知識，是個令我感到震撼的技巧。

S先生說：「橫軸是客戶（總經理）已經知道的事情和不知道的事情。縱軸是客戶（總經理）應該知道的事情和不需要知道的事情。我們的任務便是絞盡腦汁想

出客戶應該知道，但還不知道的事情。」

如果將上述內容作成矩陣圖，則如左圖所示。

S前輩告訴我：「無論你多麼確信客戶應該要知道這些事情，一旦對方已經知道，他們就只會給你『我早就知道了、我明白』這類回應吧?所以你必須找出對方必須知道，但還不知道的事情」。

原來如此，**如果談話的內容無法給對方帶來啟發，那就毫無價值可言**。

這個「已知．未知矩陣」是一項令我茅塞頓開的發現。

我試著向S前輩詢問：「話說回來，我要如何才能發現『對方是否知道』的界線，以及『對方是否需要知道』的界線呢？」然而S前輩只說：「如果知道如何分辨這些界線，那你已經可以成為公司合夥人啦！」沒有正面回答這個問題。

很長一段時間之後，我才意識到，如果沒有盡可能多跟經營者和客戶見面交

圖1 已知・未知矩陣圖

■ 對方知道的事、不知道的事之間的交界
■ 應該知道的事、不知道也無妨的事之間的交界
↑
雖然絞盡腦汁想出A很重要，但不清楚邊界線為何

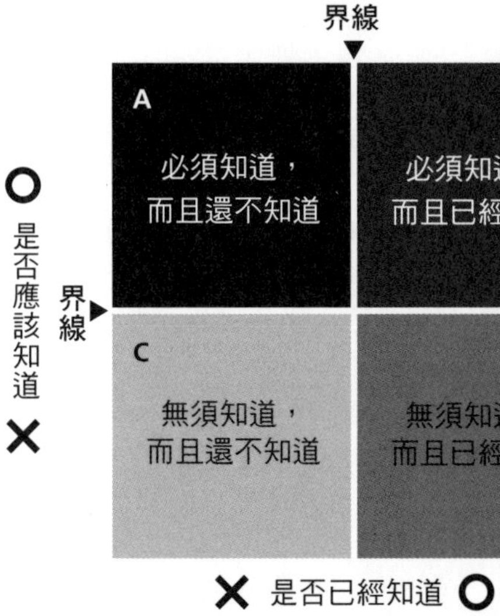

A 絞盡腦汁想出對方應該知道，但還不知道的事

B 對方會說「我知道啊！」

C 「啊…是這樣喔？」

B 「那又怎樣？」

流，我永遠不會知道這些界線在哪兒，但是當時我被那個矩陣深深感動，大腦一下子轉不過來。

現在回想起來，「如果知道如何分辨這些界線，那你已經可以成為公司合夥人」這句話，真是一語中的。

這是因為在諮詢工作中，最大的難關就在於掌握「對方應知而未知的事情」。客戶原本就是熟知那個行業的專家，在業界已經積累了幾年甚至幾十年的豐富經驗，身居高位的人也很多。在某些情況下，對方可能就是公司的董事或總經理（我剛踏入顧問業時，商談對象多半是公司董事或總經理）。

諮詢顧問的工作就是告訴他們「應知而未知的事情」——我想，只要寫出這句話，大家應該就能理解「知道界線」的難度有多高了吧？

我自己也曾在這裡跌倒。

不過，既然身為策略顧問，我勢必得和經營高層進行對話才行。

在進入ＢＣＧ工作之前，我是在一家公司擔任系統工程師，當時和ＩＴ部門的課長交談已經是我的極限了，因此要我採訪跟自己年齡相差甚遠的常務董事或專務董事等客戶，簡直是一件痛苦萬分的事情。

雖然我擅長數據分析，但我非常害怕與位高權重的客戶交談。

有一次我被安排獨自對某家大型軟體公司的常務董事進行訪談。

這件事讓我感到很為難。

我討厭一個人獨自面對客戶。

那位年過五十、經驗豐富的老前輩，會願意聽一個不過三十出頭的毛頭小子要講什麼嗎？

就在我猶豫不決的時候，當時的搭檔對我說：「你不想去訪談吧？如果一直逃避這件事，你就無法擴大自己的極限。假設你現在在一顆球裡面，這顆球的球面就是你的極限。如果你不嘗試觸碰它，球的體積就只會保持不變。然而，當你試著努力去觸碰，不可思議的是，這道極限的高牆會越挪越遠，不久之後，你就能突破自己的極限了。」

雖然很不情願，最後我還是獨自前往。

我做了詳盡的事前準備，也順利地見到了那位常務董事。

雖然並沒有問到什麼重要的資訊，但這次的準備還是有其意義。

那位常務董事大約花了十五分鐘回答我的問題，然後我們開始閒話家常。其間我們還提到我過去從事開發工作的經歷，諸如以前擔任系統工程師的時候，我曾經使用過這間公司的軟體……。雖然都是些無關緊要的話題，但我記得好像有談到一些使用過後的感想。

俗話說，百思不如一試。

初次面對高階主管的採訪順利結束了。

就這樣，有了第一次，就有第二次、第三次……，隨著訪談次數的累積，我變得越來越習慣。

才不到一年的時間，對於獨自訪談的恐懼感就逐漸消失了。

與此同時，在積累經驗的過程中，我也漸漸意識到：「無論是大型企業、中堅企業，還是小型企業的總經理，公司高層知道的事情、不知道的事情和想要知道的事情，其實並沒有太大的區別。」

以研究來說，增加樣本數通常能讓研究獲得更準確的數據，相同的道理，當你與總經理對話的樣本數增加時，他們的思維、應該向他們傳達的訊息，在你腦裡也會變得更加清晰。

我剛進入BCG工作的時候，包括諮詢顧問和工作人員在內，東京辦公室裡的員工人數不到百人。

在這樣的公司規模下，無論是否願意，我勢必躲不過和公司高層對話的命運。因此不管喜不喜歡，我都有很多機會要和客戶公司的總經理或董事互動交流。然而，現在諮詢顧問的數量已呈現爆炸性成長。

這樣一來，想必較難獲得與公司高層共事的機會。

本來我以為諮詢顧問就是一份向他人提出建議的職業，但事實上，若是缺乏與企業高層交流的機會，光那樣經歷幾年之後，某天突然要我：「明天去找那家公司的總經理談談。」我可能根本也不知道該談些什麼才好吧！

只有實際見面、增加交談的次數，才能逐漸看出經營者「應知而未知的事情」。

所以，與其只埋首於文書作業，還不如思考如何在年輕時就取得能夠與經營者對話的職位。

先前我不斷地提到，最大的難關在於絞盡腦汁想出「對方不知道，但應該知道的事」。

既然被視為是最大的難關，那就代表能夠快速想出「對方不知道，但應該知道的事」正是身為諮詢顧問的目標之一。

此外，我認為「已知．未知矩陣」不僅適用於諮詢顧問，所有商務人士在面對各種情況時都應該想到這個矩陣。

因為思考矩陣中的界線，在各種情況下都能派上用場，包括面對企業的諮詢工作、專案管理、拓展人際網絡、個人職涯的定位策略、輸入基準等等等。

在此，希望大家先對這個矩陣具有多大的效果有所認識。

瞬考 06

無論任何場合都要意識到「已知．未知矩陣」。
只有實際見面交談，才能掌握經營者「不知道，但應該知道的事」。

07

假說來自於「機制」和「類比」

無論是在私人生活、商業領域或是整個社會中，現在發生的事情和過去所做的（發生過的）事情都存在著某種因果關係，也就是所謂的「**機制**」。

近來，自然災害的加劇、公司業績的波動，或是產業更迭的新陳代謝等等，都是在某種機制的作用之下所發生的情形。

機制是由若干構成因素之間的因果關係所形成的，如果得以釐清這些因果關係，不僅能夠在腦中自然而然地湧現假說，也可以藉此得出最佳方案。此外，從已釐清的機制進行類比，還可以推測出今後可能發生的事情。

機制的構成元素大致可分成以下三類——

①過去活動的累積。
②周遭環境（社會、競爭、自身能力）的變化。
③現狀的因應對策。

而其結果就是「目前正在發生的事情」。
雖然③現狀的因應對策與「目前正在發生的事情」並沒有直接關係，但它在各方面都會受到①過去活動的累積，以及②周圍環境（社會、競爭、自身能力）的變化等影響。
如果相同的對策在過去有效，但現在卻行不通，原因可能出在②周圍環境（社會、競爭、自身能力）的變化，以及③現狀的因應對策已經不適用所致。
我們之所以經常聽到類似「做生意應該掌握環境變化，採取因應對策」的說法，正是這個道理。
再加上在很多情況下，過往行為所累積的經驗反而會使我們難以察覺到變化。

因此有時候即使發現情況改變並試圖採取對策，也很可能被過去的經驗所束縛，導致無法提出有效對策。

越是沉迷於過去的成功經驗，往往越使人不容易意識到②周遭環境（社會、競爭、自身能力）的變化，或導致③現狀的因應對策受到限制。

換句話說，構成元素之間的相互影響，也是一種「機制」。

被過去的成功經驗所束縛，而無法採取新對策的這種狀況，不僅會在企業方面出現，個人也經常會掉入這個陷阱。此外，即使在完全不同的行業中，有時也會看到相同的事件模式。

如前這樣的思考，就是類比思維。

想發現機制，就必須記住並思考許多構成元素，當我們吸收了大量的機制模式並牢記在心，類比思維就能夠發揮作用。

「這個機制跟那個機制是相同的模式。如果是這樣的話，接下來可能會發生那樣的事情。」

「如果再不改變對策，變成那樣，結果可能會很糟糕。」

透過類比，我們可以預測事情的未來走向。

類比思考的經驗越豐富，就越能在轉瞬間產生豐富的想法。

只要掌握事物的機制，並將那個機制儲存在大腦中。隨著發現的機制不斷增加，類比思維更加靈活，就會漸漸能夠在腦中瞬間湧現假說——這就是瞬間思考。

一旦學會瞬間思考，你就不僅能立即找到各種商業課題的解決方案，而且還能預測接下來可能發生的事情，也就是能夠預測未來。

瞬考 07

現在所發生的一切事物，背後都存在機制。

而建立假說的提示也隱藏在其中。

08 想要瞬間思考？唯有輸入，別無他法

瞬間思考的基本功就是「輸入」。

但是，輸入作業是一項無法一蹴可幾，而且講求勤懇踏實的工作。

也因此大多數人往往忽視輸入的步驟，急於尋求結果。

然而，在大腦沒有太多訊息的情況下，不可能湧現假說。

輸入大量的案例、建構假說的基礎，亦即是打造**「思考的搖籃」**和**「思考的環境」**。而通常在這個構築過程中，你就已經能依稀看出整體輪廓。

當全貌變得清晰可見時，機制也會逐漸浮現出來。

如果無法看出機制，多半是因為輸入的資訊量不足所致。

接下來，就以「畢業論文」為例來說明「輸入」這個步驟，如何幫助我們縱覽全貌吧。

大學畢業論文和碩士論文有兩種模式，一種是承接應屆畢業生的研究，另一種是自己從頭開始找資料。

如果是前者，因為已經有研究主題，所以你會很清楚自己要做什麼。

相較之下，後者的情況就困難許多。因為「決定研究主題」是一件非常困難的事情。

光是思考研究主題，就可能耗費很多時間。

我大學時期所屬研究室的教授是屬於「不管研究什麼都行，讓學生自行決定主題」的教授。

這對當時還是學生的我來說，是件十分痛苦的事。

直到大三被分配到研究室的最後階段，我還在為了應付考試通宵達旦、臨時抱佛腳，最後只好用自己這顆從高三之後便沒進步多少的大腦，絞盡腦汁地思考研究主題，不過，也只能想出一些愚蠢的主題。

其他研究室的學生們已經承接了學長姊的研究主題，開始穩扎穩打地進行研究。相反地，我這邊的研究卻毫無進展，只有每一天的時間在白白流逝。

這種不知從何下手的感覺，與我辭去系統工程師工作，進入ＢＣＧ後被分配到策略專案時的感覺如出一轍。

我完全不知道該從哪裡開始著手。

總而言之，這便是因為我沒有做好輸入資料的基本功，因而處於「看不到全貌」的狀態所導致。

最後，經過和助教討論，終於決定了一個合適的研究主題，並將其作為畢業論文提交了出去，如今想來，如果當時就知道瞬間思考的方法，我應該能夠做更多的事情吧！

如果現在有機會重寫畢業論文的話，我會採取以下步驟——

首先，在一、二年級時學習基礎學科；然後，在三年級時大量閱讀自己專業領域的論文。換句話說，就是要藉由「閱讀論文」吸收相關知識，讓自己能夠理解整體情況。

透過大量閱讀論文，就能大致掌握世界上有哪些人正在進行何種研究。例如：「最近這個領域的主題很流行呢」或者「這類研究主題的熱潮已經過了，現在乏人問津」……如此一來，應該至少可以隱約看到該領域的整體情況。

最近備受矚目的ＡＩ，其實也只要閱讀過去的論文，就不難發現這個議題在以前也曾掀起熱潮，已經歷過幾度興衰。

只要了解全貌，也就能夠掌握自己應該去思考哪個領域的主題，或者哪些領域有機會成為研究主題了。

換句話說，想要做到瞬間思考，首先必須**大量輸入該領域的相關資料**。

沒有輸入任何資料的大腦，即使苦思冥想，也想不出什麼名堂。

總而言之，就是輸入、輸入、輸入。這樣一來，你就能隱約看到全貌。

我離開了ＤＩ公司之後，出於種種原因，決定開始投資K-POP歌手的版權，那個時候，我也是先把K-POP排行前三十名歌手的熱門歌曲全部先聽了一遍，從掌握整體情況開始著手。

在韓國，每個月都會公布三十名左右的K-POP歌手排名。我會在Spotify和YouTube等平台上依序聆聽這些歌手的歌曲，踏踏實實地完成這項作業。

如果是三十組團體，就算每組聽十首熱門歌曲，全部聽一遍也有三百首歌。

雖然我以前幾乎沒聽過K-POP，但聽了三百首歌曲之後，也逐漸能看出趨勢，知道「什麼樣的歌曲會暢銷」了。

如果再進一步深入研究作詞、作曲和編曲的成員，還能知道更多事情，例如：「這個歌手的曲子很好，但影片不佳」等等，或是誰曲子不佳但影片很優秀。

如果把每首歌的著作者都輸入到EXCEL中並試著排列，可能會得到「有這位創作者時，歌曲就大賣」，或者「這位創作者和暢銷完全沾不上邊」這類的結果。

而我從分析中發現了一件事——韓國與日本不同，參與歌曲製作的人數非常多。幾個人負責做詞，幾個人負責作曲，就連製作人也不只一人。

這不就跟開發Linux差不多嗎？

於是乎從分析中我得知了，韓國是將世界各地才華洋溢的創作者聚集在一起創作歌曲的。

用這種方式分析得出結果，就是在靠自己的力量引導出，只有自己才知道的獨創機制。

剛成為諮詢顧問的時候，我所收集的各種數據資料都會自己親自打字輸入電腦，而不是請工讀生協助。因為只要在將資料鍵入電子試算表時，同時仔細閱讀，我就能概略了解整體情況。

如果所有的數據資料都是由別人輸入電腦的，那麼就算眼睛看著這些資料，也想不出值得一提的假說。但如果是親自輸入資料，不僅能逐漸看出整體情況，也會在過程中隱隱約約地浮現出假說。

即使是相同的數據資料，儲存在硬碟中和烙印於腦海裡，對於提出假說而言，兩者之間也有很大的區別。

如果大腦中記住了某種程度的數據資料，你就能瞬間看出整體情況。一旦能夠看出整體情況，不論你接下來要分析的是公司或個人，其定位都會變得更加明確。

知名主持人「島田伸助」曾經說過：「我不像明石家秋刀魚[1]那麼風趣，也不是屬於ALL阪神・巨人、TWO BEAT或B&B這類天才型的漫才師[2]。那麼，我要在哪裡占據一席之地呢？」當時的他深入地思考這個問題並剖析了自己。

據說他為此先將自己覺得有趣的漫才組合的影片全部錄製起來，以分析研究裝傻、吐槽和收尾的模式。

這也可以說是在掌握整體情況的基礎之後，最終才可能做到的瞬間思考。

即使在演藝圈裡，每個人也都有自己的位置。面對身居高位的頂尖人物，就算破釜沉舟地想攻城略地，恐怕也很難撼動對方的地位。

但是，偶爾也會有藝人放棄好不容易建立起來的地位，重新轉戰新領域，或者突然宣布隱退。

如果平時就能在吸收資訊的同時掌握整體情況，並且仔細規劃、定位策略，你就能在時機成熟時一舉占領這個空位。就像濱崎步的位置不知何時已經被西野加奈占據，或者卡莉怪妞已坐上了木村KAELA的位置……。

話雖如此，若是在競爭對手的全盛時期與其正面交鋒，往往很難取勝。

將目光轉向商業世界，相較於過去，諮詢顧問的人數正在急遽增加中，如果你和其他人的實力相當，恐怕很難在顧問業占據一席之地。

1 編註：知名落語家、主持人，為日本搞笑藝人三巨頭之一。

2 編註：「漫才」是流行於日本關西地區的搞笑表演形式，一般為兩人一組，一人負責裝傻，另一人負責吐槽。

無論是藝人也好，商務人士也罷，如果不把所有的數據資料牢記於心，然後尋找屬於自己的位置，你將會被埋沒在茫茫人海中。

所謂瞬間思考，就是**將各種數據資料輸入大腦中，在腦中整理這些資料的同時，掌握世界和產業的整體發展情況，並思考因應對策**。

為此，必須將可用於瞬間思考的基礎資料牢記於心。

只有不斷輸入數據資料，才能在大腦中繪製出一幅全景圖。

瞬考 08

輸入資料、掌握整體情況，進而湧現假說。

09

案例多就能得知差異，知道差異就能理解機制

透過增加輸入量，你可以更容易看出案例的共通點和不同之處。

換句話說，就是能更容易看出案例之間的差異。

一但能輕鬆看出差異，也就能理解其中的機制。就拿下面例子來說吧——

日本電視台所播放的連續劇等節目，在製作節目時，通常都是從演員的「角色分配」開始著手的。儘管連續劇大多都有原著，但一般會按照這個流程，先根據原著進行角色分配，然後才決定劇本內容。例如：以漫畫為原著的連續劇會先分配角色，決定「由○○來擔任主角」之後，再根據角色安排來撰寫劇本。

相反地，美國的主流做法則是根據原著故事構思劇本，然後再決定角色分配。

韓國的《寄生上流》（기생충）和《魷魚遊戲》（오징어 게임）等作品都是代表性的例子。成功製作出國際級影視作品的韓國，過去也跟日本一樣是從角色分配開始著手的，但現在已普遍採用美國式的製作方式。

我們已知日本、美國、韓國存在著這種差異，接著，只要解開其中的共通點和不同之處，我們就能理解「為什麼會這樣」的背後機制。

若要說到日劇、美劇和韓劇在製作方面有所差異的秘密，其關鍵就在於「是否全球化」。

韓國的戲劇和電影的布局不再僅限於韓國國內，其視聽觀眾遍及全球儼然已成為常態。而以海外觀眾來說，他們的觀看意願也成為與劇中演員在韓國知名度無關的其一變數。

海外觀眾最重視的是「原著很有趣」、「劇本很有趣」，而非演員的知名度，而且也不會認為「因為這部戲有這位演員，所以想要觀看」。

在這種情況下，會讓全球觀眾感興趣的「劇本」變得至關重要，因此他們製作戲劇是從劇本開始著手，然後才透過試鏡決定最適合該劇本的演員。

另一方面，如果是封閉式的國產劇，則會像日本一樣，從角色分配開始著手。原因在於，在日本或韓國國內受歡迎的演員就是固定的那些人，從這個角度來思考更容易製作出「受歡迎」的戲劇。

當你掌握了上述機制，就能運用類比的方式深入思考除了美國、日本、韓國以外，其他國家製作戲劇的方法了。

以上是從不同之處導出機制的一個例子。

當然也可以從共通點導出機制。

最近有許多有關半導體的報導，其中有一間公司持續地受到世人關注，這間公司就是軟銀集團旗下的半導體開發公司「安謀控股公司」（Arm）。

事實上，安謀控股公司並不是開發、製造半導體的製造商，若用更容易理解的方式來說，這是一家製作和出售半導體設計圖的公司，而不是半導體製造商。

這間公司所採用的商業模式是「販售半導體的設計圖給半導體製造商，並向其收取授權金或權利金」。

就安謀控股公司的事業而言，以下是經營策略面的重點：

—如何確保擁有能夠製作出高品質設計圖的設計工程師？

—如何製作出暢銷的設計圖？

—如何活化過去製作的設計圖並進行銷售？

書籍出版商和音樂出版商的商業模式與安謀控股公司相類似。

對於書籍出版商而言，以下是其商業經營重點：

—如何確保擁有能夠寫出感人故事和實用專業知識的作家？

—如何製作出暢銷書籍？

—如何活化過去已出版的書籍並進行銷售（包括翻譯權等智慧財產權）？

對於音樂出版商而言，以下是必須考慮的經營重點：

—如何確保擁有能夠製作高品質歌曲的作詞家和作曲家？

—如何製作暢銷歌曲？

—如何銷售過去製作的歌曲？

從上述內容中可以明顯看出，就商業模式的結構而言，與其說是「相似」，更可以說是幾乎相同。

簡而言之，安謀控股公司、書籍出版商和音樂出版商所從事的業務都是「如何增加新作品並將其轉化成收益」，以及「如何銷售現有作品」。

由於他們經營的都是「智慧財產」，這意味著這些企業的共通之處不只是事業結構，就連產品的性質也幾乎相同。

因此安謀控股公司為了留住優秀的設計工程師所做的努力，或許書籍出版社也能學習以保有優秀的作家；而書籍出版社在討論促銷活動時，或許也可以參考音樂出版社為了銷售既有歌曲所採取的行動。

以上是從共通點探究機制的一個例子。

而這些都是因為事先已在大腦中輸入與日劇、美劇、韓劇製作有關的背景知識，同時也知道安謀控股公司、書籍出版社和音樂出版社的商業模式，所以才能夠提取案例，並湧現出類比想法。

瞬考 09

只要知道許多案例，即可從這些案例的共通點和不同之處來理解機制。以此機制為起點，進而形成豐富的想法。

10

「聞一知十」的人就是「聞一查十」的人

只要輸入少量資訊，就能湧現各種假說——雖然人數非常稀少，但業界確實存在這種諮詢顧問。

這些諮詢顧問可謂是呈現出了「聞一知十」這句諺語的精神。

但是，這些諮詢顧問之所以能夠做到「聞一知十」，我認為是因為他們先做到了「聞一查十」的緣故。換句話說，他們養成了逢事必查的習慣。正是因為在大腦中輸入過許多資料、擁有豐富的學識涵養，所以才能迅速提出假說。

「聞一知十」的人，應該就是已經擁有豐富知識的人吧！

然而，沒有人從一開始就博學多聞，所以「聞一知十」的人，其本質就是「習慣如果聽聞一件事，就去調查十件事的人」。

當你遇到不懂的地方時，是否養成自己動手調查並學習新知的習慣？或者當你吸收新的資訊時，是否養成一併調查周邊相關知識的習慣？還是你就兩手一攤，什麼都不調查呢？

有的人發現一件事後也就止步於此，但有的人卻會對相關領域產生興趣並且著手調查。

堅持「聞一查十」的人和沒有養成這個習慣的人，在經過一段時間之後，必然會產生相當大的差距。

如果養成了「聞一查十」的習慣，每次調查後所獲得的知識將會一點一滴地累積起來，而這些知識也會積累成豐富的經驗。

差異化的本質之一就是累積——這不是一蹴可幾的事情。

事實上，只有在累積知識之後，才能真正理解其中的含意，而長期積累的知識量，應該也會令他人難以望其項背。

BCG創始人之一的布魯斯・亨德森（Bruce Henderson）便提出了「經驗曲線」（Experience Curve）的理論框架，以此說明「經驗累積越多，工作效率越高」。既定的理論是：如果你擁有兩倍的經驗，成本會降低為八〇％（即效率提升二〇％）；如果你擁有四倍的經驗，則成本會降低為六四％——這被視為經驗曲線的典型例子。

簡而言之，如果你比他人從更早的階段開始累積經驗，你就能藉由這些經驗降低成本，使競爭對手難以迎頭趕上。而對於將輸入資訊做為基本功的瞬間思考來說，累積經驗也是一件非常重要的事。

只要堅持「聞一查十」的習慣，有一天你會突然發現，自己竟然能夠將原本以為毫無關聯的幾項事情，迅速地串聯起來思考。

這就像達到輸入量的臨界質量（Critical Mass）一樣，一旦超過臨界質量、誘發連鎖反應，你就會對各種事件和現象產生濃厚興趣。

如此一來，你每天接觸到的資訊就會在腦內如火花般併發，並且串聯起來。一旦擁有過這種體驗，你應該就能打從內心呈現出「享受輸入樂趣」的狀態了。

話說回來，類比思考就是找到看似毫無關係的兩個事物，從中發現兩者之間的關聯性，但如果手邊的資訊有限，你就沒有素材可以用來類比了。

反過來說，手邊的資訊越多，就越能夠發揮出類比的力量。

輸入的資訊量越多，相互連接的資訊就越多，因此產出創意的速度也會如複利般加速，而且創意的品質也會越來越好。

輸入量決定了導出假說的速度和精確度。

增加輸入量的方法就是**「聞一查十」**。

瞬考 10

提升學識涵養的方法就是「聞一查十」。

11 以歷史為橫軸、產業知識為縱軸

到目前為止，我們已經談過輸入對於瞬間思考的重要性，接下來，我要說明輸入的具體方法。

輸入資料時，重點在於**「以歷史為橫軸」**並要盡可能地拉長時間軸。因為涵蓋時間越長，越容易看出其中的機制。

在準備大學考試時也是如此，考古題的涵蓋時間越長，越能夠看出試題的傾向，以及其存在的週期性。

在這個現象的背後，應該也與出題老師的偏好有關。但由於不可能總是由同一位老師負責出題，所以其中可能隱藏有某些機制。

在顧問業，當我們與新客戶合作時，全體成員會先從研讀那間公司的歷史沿革開始著手。因為研讀公司的歷史沿革，可以讓我們拉長「歷史的橫軸」，從過往歷史的角度去了解該公司的各種成功和失敗經驗。

如此一來，就能隱約看出客戶公司容易陷入哪種思維機制、哪些事情會順利進行、哪些事情會窒礙難行。

輸入資訊的另一個主軸是**「以產業知識為縱軸」**。

關於這一點，可藉由閱讀舊的產業刊物，一併掌握產業歷史，以輸入資訊來奠定穩固的知識基礎。

若能透過「歷史」（橫軸）和「產業知識」（縱軸）這兩大主軸，打下穩固的基礎，我們就更容易進行各種訪談。

如果在一無所知的狀態下進行訪談，可能會讓對方感到不悅，甚至質疑：「你到底是來這邊幹什麼？」

相反地，如果能牢記客戶的公司歷史沿革和產業的歷史演進，在這些資料當中應該可以找到連對方也不知道的事情。若能在調查階段就先發現某種機制，還可以試著提供給對方參考。

稍微進階版的做法就是除了客戶的公司歷史、產業的歷史演進之外，同時也了解周邊產業的過往歷史，如此就能預測客戶所處產業可能會受到的影響，以及未來可能發生的情況。這就像醫生在了解病患的過往病史一樣。

目前在顧問業中有各種不同的諮詢顧問，因此根據諮詢顧問的類型，有些人可能不需要研讀公司的歷史沿革等資料。但如果你是系統相關領域的顧問，建議不妨深入了解系統領域的歷史；或如果是經營管理領域的顧問，那就深入了解經營管理的歷史——這都有助於讓自己與客戶站在相同視角來思考問題。

或許有人會想：「做這些事情就能成為諮詢顧問嗎？」為了釐清機制，顧問必須從廣泛的角度觀看整體情況、深入了解公司和產業的歷史，這些都是不可缺少的

圖2 小範圍內的機制，大範圍內的機制

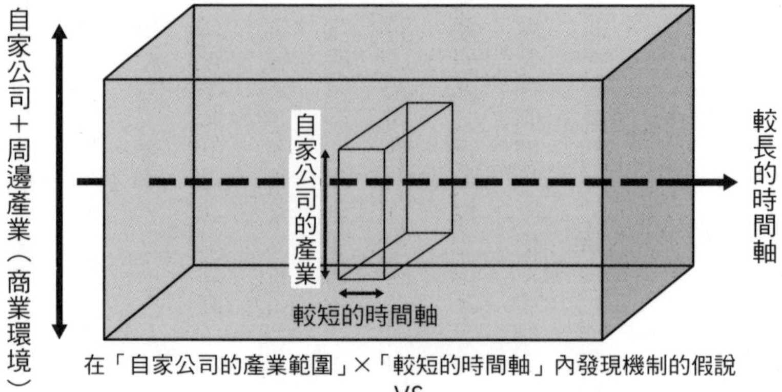

在「自家公司的產業範圍」×「較短的時間軸」內發現機制的假說
VS
在「涵蓋範圍較廣的環境」×「較長的時間軸」內發現機制的假說

基本功。

承上所述，想要做到瞬間思考，在輸入數據資料時，必須意識到「產業知識」和「歷史」這兩大主軸。再次重申，不管是輸入「產業知識」還是「歷史」，涵蓋範圍的廣度和時間的長度才是關鍵所在。

如果設定範圍內的產業知識有限、時間軸也很短，結果就會使得整體範圍變得狹隘。

雖然在小範圍內比較容易思考出機制，但也很難從中找到令人感興趣的機制；在狹隘的涵蓋範圍內，就算你找到

了某種機制，也幾乎都是大家已經知道的內容。

你可能以自豪的口吻講述自己發現的機制，客戶或上司的反應卻是：「所以咧？」；甚至即使釐清了某種機制也知道對策，卻忽略了主流的趨勢等。

另一方面，如果拉長「歷史橫軸」和「產業知識縱軸」，即可掌握到主流趨勢，或進一步了解箇中機制。

透過這種方法，腦中漸漸就會浮現出他人尚未察覺的機制。不是盯著局部，而是**放眼全局**——如此才能獲得重大發現。

在狹窄且時間軸較短的範圍內思考機制、採取對策，與在廣泛且時間軸較長的範圍內思考機制、採取對策，兩者所獲得的成果截然不同。

瞬考 11

藉由「歷史」（橫軸）和「產業知識」（縱軸）這兩個主軸鞏固輸入的基礎，即可從中獲得重大發現。

12

拉長「歷史橫軸」的意義

誠如前文所述，如今發生的事情不僅僅與現狀的因應對策有關，也深受過去的行為和當前所處環境所影響。

以企業來說，在過往活動所累積的經驗當中，便隱藏著這間公司擅長和不擅長的領域。

與此同時，成功和失敗的經驗都深藏其中，並對於現狀的因應對策產生很大的影響。因為無論成功經驗還是失敗經驗，都是難以抹滅的印記。

為了盡可能觀察更多的成功經驗和失敗經驗樣本，在瞬間思考之際，必須盡可能拉長「時間軸」，也就是「歷史橫軸」再進行觀察。

這就像做實驗和做研究一樣，當可供觀察的樣本數量增加時，就能更準確地掌握企業的實際情況。

在前一節中我曾提到要輸入企業歷史等資料，接下來要說明的，則是可以提高「歷史橫軸」資訊密度的方法。

這個方法就是**了解公司管理階層的背景**，例如：某主管何時進入公司工作、曾經擔任過什麼職務等等。儘管從他們的職務經歷中就可以了解大致的情況，但對照企業的歷史沿革與管理階層的個人經歷，更可以事先掌握他們的過往經驗。

在進行訪談之前，最好連同公司的歷史沿革在內，盡可能讓自己記住更多資訊。然後透過訪談確認各項內容，虛擬體驗公司的歷史。

公司內的每個人都有自己的工作崗位，所以即便是經營高層，也鮮少有人能夠完整地體驗過公司歷史。

透過閱讀公司的歷史、與多位高階管理層進行訪談，能讓自己彷彿置身於那段歷史——從虛擬體驗中更全面地了解公司的歷史，有助於發現其中的機制。

不只是企業，個人的職業生涯也可以透過拉長「歷史橫軸」，使機制浮現出來。

對個人來說，過去的經驗也會對未來的人生帶來很大的影響。

父母教育子女時，通常也會根據自己的成功和失敗經驗來做。

我的父母出生於二次大戰之前，在那個世代有許多人經歷過「進入名校、進入好公司就是成功人生」的體驗，所以他們往往也會將這種價值觀傳承給子女。

對於經歷過一九六〇年代～一九八〇年代，日本經濟成長期的社會人士來說，或許確實是如此。

然而，隨著昭和時代的結束，平成時代到來，原本認為的好公司，也可能在進去後才發現事實未必如此。

本以為採終身雇用制度的公司意外地面臨裁員，未來充滿不確定性。

這個世代經歷過二〇〇〇年之後的網路泡沫破滅、雷曼兄弟倒閉引發金融風暴等事件，與我父母那一代的經歷已經有所不同。

隨著這種大環境的變化，對子女的教育應該也要有所改變。

公司未必能夠始終保護你。

不僅在公司內，在公司之外也適用的原則就是——**你必須強化自己的實力**。

應該有很多二〇〇〇年後才踏入社會的商務人士都有這樣的想法。

過去的經驗和環境變化，直接影響了因應對策。

公司不斷成長的昭和時代，正可謂是上班族的全盛時期。銷售額增加、員工人數也增加，所以部屬人數跟著增加。當員工人數增加時，銀行帳戶和加入保險的保戶人數也隨之增加。

在一切欣欣向榮、萬物成長的時代，考上一所好大學、進入一家好公司當上班族，或許確實是「成功人生」的方程式。

然而，進入平成時代後，業績不再持續成長，隨之而來的是「企業破產」和「裁員」的大苦難時代——許多人以為能終身受雇而不斷努力，但沒想到進入公司後，卻發現事與願違。

想一九九〇年代中期，某間大型製造商首次宣布裁員時，還在社會上引起了軒然大波，最後不得不取消了裁員計劃。在那個年代，「裁員」就是能引起如此強烈的不適感。

但時至今日，企業裁員早已是司空見慣的事情。

親眼見證過這些歷史的年輕人，開始更加努力地提升自身能力，立志成為律師、諮詢顧問等專業人士。

泡沫經濟崩壞的平成時代日本，可謂是專業人士的時代。

就像這樣，如果我們在思考時拉長「歷史橫軸」，應該不難發現——隨著時代的變化，世界也跟著變化，而人們所追求的事物也隨之改變。

圖3 日本律師人數的變化

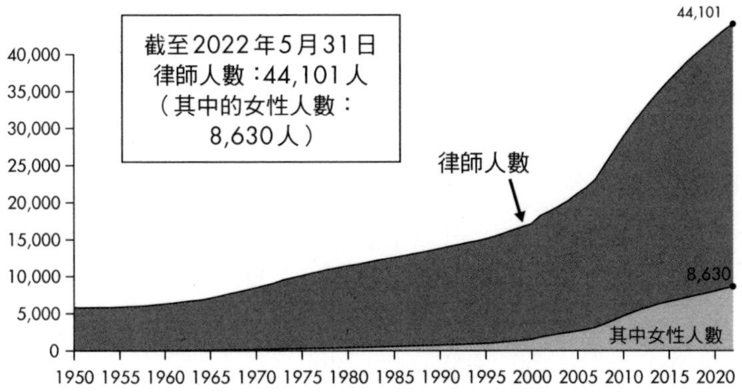

資料來源：參考日本律師聯合會的統計、調查（律師白皮書等），及基本統計資料（2022年）製作圖表。

雖然在目前的日本就業市場上，諮詢顧問公司是炙手可熱的選項，但經過十年後，這種情況可能會發生很大變化。

不妨就來看看律師這個職業吧！

如果你在一九九〇年代通過律師考試，肯定會有人對你說過：「律師是鐵飯碗耶！」

然而，從上方圖表可以看出，自二〇〇〇年以來，日本律師人數急劇增加。

由於案件數量並沒有隨著律師人數的增加而增加，所以那些人即使成為律師也未必就能高枕無憂。

曾經有一位年輕的律師，在看了這張趨勢圖後說道：「原本以為當上律師就能一生安泰，但成為律師後才知道，其實這個市場競爭激烈，已經淪為一片紅海。」事實也的確如此。

諮詢顧問的人數也正在急速增加中，速度完全不亞於律師。

而且顧問公司的離職員工人數也在增加中。

被視為專業人士的諮詢顧問，相信也會逐漸走向商品化、普遍化一途。

假使根據這些機制來類推，今後商務人士所需的要技能也將發生變化吧！

如果說「昭和時代是上班族的時代」、「平成時代是專業人士的時代」，未來我們也將進入一個需要具備不同技能和人才的時代（至於需要哪些技能和人才，將在本書的後半部分說明）。

瞬考12

如果拉長「歷史橫軸」，由於樣本數增加，會更容易從中發現機制。

13

綜觀「以產業為縱軸」的意義

接著，讓我們從更廣的角度來看清另一個主軸「產業縱軸」，並針對其意義加以解說。

在進入主題之前，我想先讓你了解所謂的產業是如何形成的。

話說回來，所有的「產業」都是從無到有。

某家公司在某個領域開展事業，在逐漸成長的過程中，市場上出現多家競爭對手。隨著市場規模的擴大，市場逐漸成熟，出現明顯的優勝劣敗態勢，遂開始進入淘汰過程。

「產業」就在這樣的過程中逐漸形成。

舉例來說，在一九九〇年代初期還沒有智慧型手機，當然也就沒有這個產業。隨著索尼（Sony）和黑莓公司（Blackberry）推出商品，蘋果也推出iPhone，之後許多企業紛紛跨入了這個領域，進而形成產業。

無論是電視（電器）、電視台還是網路串流媒體服務，都是原本市場上並沒有的產業，是後來才慢慢形成的。

隨著產業逐漸趨於成熟，會有越來越多競爭對手跨界進入這個領域，因此只在狹隘範疇內觀察產業，幾乎毫無意義可言。

正因為如此，我們必須廣泛地去了解各種產業。

廣泛學習各種不同產業的另一項好處就是**發現類比**。在某個產業中發生的事情，也很可能會發生在另一個完全不同的產業上。

如果能夠發現類比，你就能將其他產業已經發生過的事情當成案例，從中學習並迅速察覺其中的機制。

遊戲產業就是一個很好的例子，每經歷一次的平台變革，都會出現新的市場參與者。

一開始是遊戲中心（Game Center）裡的街機遊戲，接著出現PlayStation等電視遊樂器上的電玩遊戲，然後是傳統手機裡的小遊戲，後來擴展到智慧型手機上的手遊——只要平台出現變化，必然會出現新的市場參與者。

在二〇〇〇年代，手機的數據通訊資費提供定額制服務，手機遊戲市場也出現DeNA和GREE等新的參與者；而隨著智慧型手機的登場，又相繼出現玩和線上娛樂（GungHo）和Mixi等市場參與者……。

造成這種現象的其中一項主要原因就是，在上一個平台所累積的軟體資產，通常無法直接應用於下一個平台，因此也無法充分利用過往累積的經驗，與其他參與者拉開差距。

類似的情況也發生在半導體領域。

在個人電腦的半導體領域，英特爾幾乎所向披靡，但進入手機時代後，英特爾失去了領先地位，改為由高通占據手機市場的主導地位。

進入ＡＩ時代後，情況再次改變，引領半導體市場的企業既不是英特爾，也不是高通，而是輝達（NVIDIA）和超微半導體（以下簡稱ＡＭＤ）。

ＡＭＤ是一家在個人電腦領域成功推出與英特爾相容晶片的公司。然而，隨著時代轉向手機和智慧型手機，以個人電腦為主戰場的ＡＭＤ也陷入低谷。

在這種情況下，ＡＭＤ採取的策略不是在手機領域與高通正面交鋒，而是預測下一個可能會興起的平台，盡早轉向可運用於ＡＩ領域的ＧＰＵ。他們判斷雖然已在個人電腦的半導體領域取得成功，但現在才要投入手機和智慧型手機領域毫無勝算，倒不如轉戰下一個可能會崛起的平台。

儘管當時誰也不敢斷言ＧＰＵ是否就是下一個主戰場，但就算待在處於劣勢的領域拚搏，面對占據主導地位的競爭對手，自己依然沒有獲勝的可能性。

先前提到的遊戲產業也是如此。由於DeNA和GREE已經占據手機遊戲市場的主導地位，在這種情況下，與其要在相同領域與之競爭，不如轉戰下一個平台來逆轉競爭劣勢的局面。

就像這樣，雖然半導體和遊戲機屬於不同的產業，但只要觀察各產業所發生的事情，你就能看到兩者的「共通之處」。

相同的情況也發生在媒體產業——從電影到電視，再到網飛（Netflix）等OTT（Over The Top，透過網路提供的串流媒體服務），平台不斷在變化。如果是在相同的平台上，由於先進入平台的先驅者已經累積了相關經驗，所以他們擁有競爭優勢。對於大幅落後的新市場參與者來說，想要挽回頹勢是極其困難的事。

像Netflix、亞馬遜這類頗具規模的大型企業，已在全球擁有數以億計的會員人數，這些企業不僅擁有豐富的經驗，也更容易發揮出規模經濟的效益。

如果要在這樣的競技場一決高下，跟他們做相同的事情，只會讓自己面臨非常嚴峻的挑戰，所以必須以「聚焦在不同領域」的方式來應對。

至於媒體產業的公司可採取的策略，或許看準下一個即將到來的平台，提前做好準備才是明智之舉。

自OTT問世以來，至今已將近十年，今後一旦以區塊鏈技術為基礎的內容開始收費，可能還會出現新的市場參與者。

綜上所述，在遊戲產業中發生的情況，同樣也會發生在半導體業和媒體業。考量到上述背景，在競爭劣勢的情況下所浮現的機制就是：**「與其在相同平台上競爭，倒不如轉向下一個平台另闢戰場，這樣獲勝的可能性會更高。」**

藉由牢記不同產業的案例和現象，我們便能進而察覺到：「莫非這件事和那件事的本質是相同的？」只要如此找出不同產業間的共通之處，你就能發現橫跨產業的機制了。

為了運用這種思維方式，當你在輸入資料時，意識到「產業知識的縱軸」是極為重要的事。

瞬考 13

從廣泛的角度了解「產業縱軸」，有助於及早發現其他產業的機制。

14

萬物皆有「背景」，「機制」就隱藏其中

除了要「拉長歷史的橫軸」和「從廣泛的角度了解產業」之外，還有另一件重要的事情，那就是當你在輸入各種案例時，也要思考案例的發生背景。

現在，不妨先想像一下漂浮在海面上的冰山一角。

很明顯的是，我們往往只能看到突出海面的冰山一角，並不能準確掌握到冰山的全貌。

其實在海面下還有一大塊冰山。在氣候、海水溫度、海流等「背景」因素的影響下，形成了冰山一角的「現象」。

只看到冰山一角，並無法掌握「冰山的確切形狀」，也不知道「為什麼冰山會

變成這樣的形狀」，但如果能準確掌握氣候、海水溫度和海流等「背景」因素，這些都將成為解開全貌的線索。

在商業領域中也是如此，在事件和現象的背後也存在著「為何會變成這樣」的機制，若能夠找到這個機制，你就能針對問題的原因，採取有效對策。

在顧問業裡，我們也會針對執行專案的理由和背景因素，來與專案負責人（Project Owner）進行深入訪談。

正如在冰山一角的背後有其形成因素一樣，企業所面臨的問題也有其背後的原因。若能充分理解這些背景因素，諮詢顧問就能明白導致問題的原因和經過，這些都有助於決定專案目標，並釐清專案方向。

如此就能藉由諮詢迅速確定應該做的事情。

儘管「思考背景因素」是如此重要的事情，但我也曾經有過慘痛的失敗教訓。

那是發生在一九九六年春季的事，就在剛進入ＢＣＧ不久後，我參與了一項有關個人電腦軟體流通分銷的專案。

當時還是新進員工的我根本想不出什麼了不起的假說，由於需要事先準備資料，所以我在公司內部會議上介紹了其他產業剛剛發表過的創新流通模式。

那是關於當時萬代公司發行的一款名為「Pippin」遊戲機的流通方式。

我想現在應該沒什麼人知道Pippin這台遊戲機，但這是萬代公司與蘋果電腦在一九九六年合作開發的遊戲機。它使用的嶄新流通方式與以往的做法完全不同。

結果，後來這個流通方案因為Pippin的銷量不理想而慘澹收場，而當時的我在不知道是否會成功的情況下，還在會議上洋洋得意地說明這種複雜的流通模式。

當時某位前輩一連提出好幾個問題，他問我：「你是想說這個案例很好呢，還是在說它很糟糕？你想表達的是這種模式對萬代有好處，但對我們的客戶來說不適用嗎？還是想說雖然萬代不適用，但如果我們的客戶導入這種模式會很成功呢？你到底想傳達什麼？」

由於當時的我並沒有深入思考，只是把知道的事情整理成資料在會議上發表，前輩提出的一連串問題，讓我頓時腦袋一片空白。

在一個案例當中，包含了那間公司的狀況、公司所處的產業環境和時代背景等各種因素；而我們的客戶也有客戶本身的經營狀況和產業環境的狀況等因素。

有鑑於這些背景因素，前輩告訴我：「如果沒有思考對客戶有利的方案，那你只是在紙上寫出自己知道的事情後再提出來而已。」

還真的是這樣……我只是志得意滿地把自己知道的事情寫在紙上，然後拉拉雜雜地說明這些內容而已——拿出Pippin遊戲機的銷售通路案例，向其他人吹噓我知道「有這種案例喔」！但當他人反問我：「那又怎樣？」時，我根本不知道該如何回應，只能弱弱地說：「就算你問我怎樣……。」實際上也拿不出任何具體建議。對話只能到此結束。

換句話說，我根本沒有考慮到案例的背景因素。

如果思考過那些背景因素，或許我一開始就會發現，根本沒必要在會議中發表這個案例。

所有事物都必然有其背景，而在這個背景之中隱藏著機制。

如果無法把案例從背景到啟發都完整挖掘出來，那麼你的所作所為只是一場流於知識層面的勝負，**而非洞察力的較量**。

瞬考 14

除了思考「歷史層面」（橫軸）、「產業知識」（縱軸）之外，案例的背景因素，也有助於提出精闢的建議。

15

經紀人選擇獨立的韓國，藝人選擇獨立的日本

在本節當中，我們將探討與娛樂業動向有關的機制。在這個過程中，希望大家能意識到「所謂的思考背景因素是怎麼一回事」。

在過去的十年裡，日本有許多重量級歌手和藝人選擇獨立發展。包括已經引退的安室奈美惠、由前SMAP成員組成的團體「新地圖」（新しい地図），以及演員米倉涼子等重量級藝人紛紛脫離經紀公司獨立發展。

然而，在韓國的演藝圈中，雖然藝人脫離經紀公司或事務所的案例相對較少，但長袖善舞的經紀人卻紛紛決定獨立發展。

為什麼在韓國決定獨立發展的是幹練的經紀人，在日本卻是重量級歌手和藝人

選擇獨立發展呢?

在演藝圈中，同樣也存在背景因素，亦有機制隱含其中。

現在家喻戶曉的韓國男團BTS是HYBE(成立時的公司名稱為Big Hit娛樂)旗下的藝人。曾在韓國知名經紀公司JYS娛樂擔任製作人的房時爀，在獨立出來後創立了這間公司。

在HYBE成立之前，提到韓國的大型藝人經紀公司，主要會想到SM娛樂(旗下藝人有少女時代和東方神起)、JYP娛樂(旗下藝人有NiziU和TWICE)和YG娛樂(旗下藝人有BIGBANG和BLACK PINK)這三家。

至於其他的經紀公司，包括SM娛樂的經紀人在獨立後所成立的Cre.Ker娛樂(現在的IST娛樂)、Big Hit娛樂的經紀人在獨立後所成立的星船娛樂(STARSHIP)等等，在韓國，優秀的經紀人和製作人會從大型經紀公司獨立出來，自行培育新的藝人。

反觀日本的情況，則多半是藝人脫離經紀公司獨立發展，而不是經紀人脫離經紀公司或事務所獨立發展。

在這個背景下，K-POP的市場正急速拓展到世界各地，而且粉絲也遍布全球。在K-POP歌手的YouTube評論區內，不僅韓文，還有英語、西班牙語、葡萄牙語等各國語言的留言。

另一方面，進軍海外市場的日本歌手卻顯得相對有限，而且粉絲大多以日本人為主。

換句話說，正是因為存在著市場成長的背景因素，韓國的經紀人才會選擇獨立發展。

反觀日本的音樂市場，並沒有看到多少急速成長的跡象。當市場成長陷入停滯時，大家就會開始爭奪市場占有率，所以歌手便會考慮是否要脫離經紀公司，以個人名義獨立發展。

這就是在韓國，選擇獨立發展的是經紀人；而在日本，卻是歌手和藝人選擇獨立發展的背後機制。

然而，如果用長遠的角度觀察日本樂壇的歷史，可以發現在一九六〇年代和一九七〇年代時，日本也有優秀的經紀人脫離當時最具規模的渡邊製作公司，創立了雅慕斯（AMUSE）、堀製作（Horipro）等公司。很長一段時間，日本音樂市場一直在持續成長。

這種情況正如當前的 **K-POP** 業界一樣。其實在一九六〇年代和一九七〇年代時，日本的音樂市場也是呈現急速成長的狀態。

這不禁令人思考，或許在這個現象的背後存在著「市場成長＝不斷有新的參與者加入＝經紀人獨立發展」這種機制在推波助瀾吧！

（若從這個機制加以類推，那麼創投企業或創投家似乎可以考慮與任職於思數網路（CyberAgent）或瑞可利（Recruit）這類大型企業、具備工作實力的經理人見面，並藉由這個方法建立人際網絡。因為這些人所任職的企業在市場成長的領域中廝殺競爭，從這類企業獨立出來的優秀人才，很有可能創造下一個潮流）。

瞬考 15

在韓國演藝圈中，有越來越多經理人選擇獨立發展，在這個現象背後存在著「市場擴大」的背景因素。

16

從機制之中預測未來

音樂市場存在著一種機制，也就是「當市場成長時，經紀人會選擇獨立發展；當市場停滯時，歌手會選擇獨立發展」，而我們也能從這個機制之中，預測音樂市場將如何變化。

在韓國，幹練的經紀人脫離公司獨立發展的現象，應該還會維持一段時間，同時，也還會有新的K-POP歌手出道。

不過，想到過去十年間在日本音樂市場出現的機制，相信總有一天韓國也可能逃不過要面對歌手紛紛選擇獨立發展的問題。

儘管距離K-POP市場達到飽和狀態似乎還需要一段時間，但市場一旦飽和，就會立刻展開爭奪市場大餅的激烈競爭。

倘若在開始爭奪市場大餅時，置之不理、任其發展，K-POP也可能陷入和日本一樣的情況。

另一方面，雖然目前日本歌手出現脫離公司獨立發展的現象，但如果出現新的市場而且有成長的空間，經紀人和製作人選擇獨立發展的趨勢應該也會更加興盛。

實際上，我正在密切關注YOASOBI這個音樂組合，也從這個音樂組合身上嗅到了成長的氣息。

也許已經有人經常聆聽YOASOBI榮登排行榜的歌曲，關注他們新歌曲的人也早就不計其數，不過，我更關注的是他們創作歌曲的機制和發展潛力。

儘管先前在第一章已經說明過YOASOBI的創作機制，但藉著這個機會，我想帶領大家再複習一次——

二〇二一年，海外觀看次數最多的日本歌手是YOASOBI。該首歌曲的創新之處在於，歌詞是取材於小說內容。

以小說為原型的歌詞，再搭配動畫影片，並由歌手演唱。這是一個具革命性質的嶄新模式。暢銷單曲〈向夜晚奔去〉是以星野舞夜的小說〈桑納托斯的誘惑〉（タナトスの誘惑）為原型。

在過去，歌曲製作原本是由作詞家、作曲家和歌手組成的世界，但自從一九八〇年代以來，已有許多能夠一手包辦作詞、作曲和演唱的創作型歌手成功出道。

由於著作權使用收入的分配比例為作詞約三％，作曲約三％，歌手約一％。因此如果成為創作型歌手，就可望獲得七％的版稅。對於歌手來說，成為創作型歌手在著作權方面的收入會更高。

在大多數的情況下，譜寫歌詞是根據個人的戀愛經歷，或是朋友、熟人的經驗，但隨著年齡的增長，可供歌詞創作的經歷勢必也會越來越少。

此外，也由於年齡增長的緣故，歌詞的呈現無論如何都會逐漸偏離年輕人想要的感覺，因此很難創作出大受歡迎的作品。

YOASOBI的厲害之處在於，他們透過分工制度解決了過去歌手在歌曲創作上所面臨的上述問題。

「monogatary.com」是由索尼音樂娛樂經營的小說及插畫網站，YOASOBI就是將在網站上投稿的小說轉化成音樂，並藉由這個「小說音樂化」的企劃嶄露頭角。

年輕作家的小說中記載著各自不同的經歷，其中有許多原作可能成為歌詞的靈感來源。

換句話說，雖然創作型歌手的自身經歷有限，但有無數年輕人的經歷成為小說的素材，同時也為歌詞提供了源源不絕的靈感來源。

YOASOBI透過將這些故事轉化為音樂，開創出新的領域。

再加上音樂影片，就形成了獨特的世界觀。這是在小說、動畫和音樂之間，呈現出既分工合作又相輔相成的絕妙關係。

如果能將YOASOBI的模式推向全世界，就有可能帶入日本擅長的領域。

即便日本效仿K-POP，但想要走向全球，登上世界舞台仍然需要花費一番功夫。如果是這樣的話，採用類似YOASOBI的模式，將新興領域推向全球化應該會更有勝算。

由於包括BTS在內的眾多歌手正活躍於國際樂壇，使得K-POP從一股熱潮升格為一種音樂類型。

同樣地，融合小說、音樂和動畫的領域也有可能從一股熱潮升格為一種類型。實際上，除了YOASOBI之外，目前市場上還出現了Ado和YORUSHIKA（夜鹿）等新的歌手。

再加上，隨著類型的增加、市場也會擴大，如果達到全球規模，日本也可能會像當前的韓國一樣，出現製作人選擇獨立發展的動向。一九六〇年代～一九七〇年代之間，發生在日本演藝圈的機制，如今韓國正在上演，而當前日本所發生的機制，說不定哪天也會在韓國再次發生。

這就是類比。如果妥善運用類比，你也能預測未來。

日本歌曲的製作方式從作詞家、作曲家和歌手的分工模式轉變為創作型歌手，然後再演變成小說、動畫和歌手的分工模式——其實在很久之前，漫畫領域也曾經歷過類似的演變過程。

原本日本的漫畫從故事創作到繪圖大多由一個人獨力完成，不過這種情況也漸漸出現變化。

自二〇〇〇年以來，網路上出現了以滑動方式閱讀的網路漫畫「Webtoon」。起初大家認為只是一時的現象，但時至今日，人人都有智慧型手機，以上下滑動方式閱讀漫畫的型態也越來越普及。

與此同時，原作者和漫畫家是不同人的情況更是逐漸成為主流。即使是日本，在頗受歡迎的Piccoma和LINE漫畫等平台上，許多作品的作者和繪圖者也都不是同一人。

仔細想想也的確，構思故事和角色的能力／繪畫的能力，這是兩種完全不同類型的技能。

一直以來，漫畫家既要負責構思故事情節又要畫圖，這就像創作型歌手一樣必須包辦全部的工作；然而如今，因為出現分工制度，所以也出現了完全不同的市場參與者。

有些人擅長畫畫，但不會構思故事——當然也存在相反的情況。這樣一來，就讓更多新人有了嶄露頭角的機會。

當情況漸漸發展至此，迄今為止一直被視為日本家傳技藝的漫畫也就不能掉以輕心了。

如果只是畫畫，那擅長畫畫的人應該很多吧。但是，既能畫畫又能創作故事的人才卻屈指可數。

於是乎，如果有好的原作，再配上能夠充分表達出故事情節的畫面，以往沒機會成為漫畫的作品，現在也有機會出現在市面上。

實際上，世界各地都已經出現大型企業收購小說UGC（User Generated Contents，用戶原創內容或使用者生成內容）網站的情況。

小說類的UGC網站遍布全球，因此可以從世界各地收集創作故事的素材。

這麼一來，不僅會令人浮現：「如果這本小說由這位漫畫家來繪圖，不就能創作出暢銷作品了嗎？」之類的想法，為了能實現這件事，製作人所扮演的角色也變得更加重要。

如果將YOASOBI和Webtoon進行因素分析，不難發現兩者的機制非常相似。

從現在開始，應該還會出現很多網路漫畫吧？

此外，還可能出現更多像YOASOBI這樣的歌手。

不僅如此，就連畫家的世界應該也會發生變化。

未來也許會出現以寫實手法表現小說主角的畫家。

不是繪製現實存在的人物，而是由知名畫家畫出小說中的女主角，透過融合小說的故事情節和畫家的創意，兩者碰撞出的火花也可能創造出新的市場。說起來，最初繪畫就是將聖經內容以視覺效果呈現出來的媒介，考量到這個淵源，我認為這是非常有可能發生的事情。

當分工制度成為主流的趨勢越來越明顯，整合創作者的製作人所扮演的角色，應該也會變得越來越重要。

這也是從類比思考中推斷出的未來預測。

瞬考 16

透過從機制中發現的類比，使預測未來成為可能。

17

為了實現瞬間思考，完整背誦四季報

正如一開始所述，實現瞬間思考的第一步，就是必須輸入大量的數據資料。至於要輸入哪些資料，端賴你所處的位置而有所不同，以商業人士而言，不妨可從了解目前市面上有哪些公司、這些公司都做什麼生意等等開始著手。

我建議採用的方法是**「完整背誦四季報」**。《公司四季報》和日經公司情報DIGITAL可謂是資訊的寶庫。[3]將這些資訊輸

3 編註：台灣的《科技電子與傳產金融四季報》由工商時報出版，於每年農曆年前、五月底、八月底、十一月底按季出版。

入Excel等工具中，並將日本企業的相關資訊牢記於心之後，下一步就是了解美國的企業。

完整背誦四季報是我還任職於製造商時，由於擔任系統工程師的我完全沒工作可做、閒到打蚊子，在上司的命令下無可奈何才去做的事情。

日本的《公司四季報》，是由歷史悠久的商業類、經濟類書籍出版社「東洋經濟新報社」按季發行的資訊類雜誌，主筆的記者會將上市公司的企業資訊、股價、股東結構以及財務狀況等資訊整理成一冊。

當時我什麼也沒想，只是如機械般逐筆輸入資料，但從轉職到BCG後直到現在，我能勝任諮詢顧問這份工作，「完整背誦四季報」可說是功不可沒。

因此，無論是任職於DI公司的時候還是現在，每當身旁的人問我：「身為一名顧問，該怎麼做才會成長？」我都會建議他們先完整背誦四季報。

我希望讀者們一定要試試看。

說是這麼說，但聽到我的建議，相信大部分讀者可能都會感到困惑。

接下來，我會說明背誦四季報的理由，以及這件事如何支撐著我的職業生涯。

畢業之後，我意氣風發地進入一家由美國惠普和橫河電機合資設立的公司。

儘管當初打算進入研發部門，但最後卻被派去負責開發UNIX中介軟體。

在京都大學的同屆畢業生中，有幾個人也進入了這間公司，但他們都被派到研發部門工作，只有我是分配到稍微偏向開發現場的工作。

然而，兩年半後，因為開發項目陷入停滯，所以公司中止了這個項目。由於開發工作中止，我於是被轉調至系統工程師的部門。這是一九九三年的事情了。

在那個時代，系統工程師被視為硬體設備的附屬品，在硬體價格急劇下降的情況下，系統工程師並沒有獲得應有的回報。而剛成為系統工程師的我，因為沒有工作可做，日子過得相當清閒。

當時的我每天都過著喝喝咖啡、在公司樓頂抽抽菸的墮落生活，直到有一天，有位實在看不下去的前輩對我說：「把這些資料全都輸入電腦，幫我分析一下哪些公司或行業有賺錢。我要去那些公司推銷系統服務。」然後他把一大本《公司四季報》塞給了我。

當時《公司四季報》還沒有出CD-ROM的版本，只有紙本的四季報，所以每天從早上到傍晚（我基本上很閒，所以傍晚就準時下班）都在Lotus 1-2-3（請當成類似Excel的電子試算表軟體即可）中輸入公司名稱、銷售額變化、稅前淨利[4]變化、本期淨利[5]變化、工廠地點以及當期主題等資料。反正很閒，所以從抵達公司後一直到下班之前，我都在輸入資料。

雖然在心中碎念，為什麼要我做這麼繁瑣的事情？照理說我應該會反彈才對，但開發項目被中止了，而且相較於同期進公司的同事，我的升遷速度已經落後一些（其實是大幅落後），當時的我也沒有多餘的精力反抗了。

再加上要我輸入這些資料的人，是從我一進公司就很照顧我並給予我很多幫助的前輩，儘管心想「前輩要我做的這件事很奇怪耶」，但還是不情不願地開始輸入起這些資料。

這是一個複雜度不高、枯燥度極強的作業，就是不斷地輸入。

總之，很累。

就在我心想：「這種事到底要做到什麼時候啊？」大約過了十天左右，我發現自己竟然漸漸記住了上面的公司名稱。

在此之前，我只知道松下（現在的Panasonic）和索尼等幾家廠商的公司名，其他大多數公司名稱，我連聽都沒聽過。

不過，在我天天都看著這些資料後，自然而然就記住了。只要持續輸入某家公司過去十年間的資訊，別說是公司的營收規模、總部和工廠的地址，就連公司的業務內容都會烙印在腦海中。

---

4 編註：稅前淨利係指「營業利益加營業外收入／扣支出」，為觀察企業營收的指標之一。

5 編註：本期淨利又稱「稅後損益」，即「稅前淨利扣除所得稅」，觀察企業營收的指標之一。

我將這種把四季報內容輸入電腦的工作稱為「四季報抄經」，正因為在電腦中輸入了過去十年的各家公司資料，所以當這項工作結束時，我已經記住很多公司的概況。

因此，在閱讀報章雜誌時，我也知道上面刊登的公司從事何種業務，是一間怎麼樣的公司。

儘管前輩說要去有賺錢的公司推銷產品的目的，直到最後也沒能實現，但這個「四季報抄經」的基本功，對我後來的職業生涯帶來莫大的助益。

後來，我轉職到ＢＣＧ。剛進公司時，周圍的人看起來都比我優秀，我完全看不到他們的車尾燈。

我在第一章也曾提過，同期進公司的同事全都來自銀行或商社等一流企業，其中不乏擁有海外名校ＭＢＡ學歷的人。參雜在這些菁英之中的我，既沒有亮眼的ＭＢＡ學歷，也沒有正規的業務經驗，只有製造業的履歷。

身處在這種列強環伺的環境中，剛開始的幾年，我每天都是早上五點到公司，半夜兩點才回到家，度過了一段如地獄般的……不，令人興奮的時光。在這個過程中我突然發現：「原來這些菁英們不知道世界上有什麼公司啊。」

雖然一開始我也想不出什麼假說，但過了兩年左右，我的大腦開始進入自然而然瞬間湧現假說的狀態。

對於這個狀態，我自己的看法是：「因為我的大腦中塞滿了十年左右的《公司四季報》，擁有海量的企業資訊。當初我只是不知道如何活用大腦中的這些資訊而已，然而在從事諮詢顧問工作的過程中，逐漸掌握了如何運用大腦、利用企業資訊產出假說。即使具備ＭＢＡ學歷、擁有豐富的理論知識，但如果不知道實際的公司資訊，應該還是很難提出敏銳而鋒利的假說吧？」

在我看來，從事諮詢顧問工作卻「想不出假說」，原因既與頭腦的好壞無關，也不是才能的問題——而是目前大腦中的資訊量離合格顧問所要求的標準還有很大一段差距。

當你的大腦累積了十年份的《公司四季報》時，就算不用刻意思考，也能自然而然地浮現出「如果這家公司的銷售額成長，那麼那個行業的業績應該也會隨之增加」之類的想法。

這就真的實現了「瞬間」就能「思考」出來的境界。

如果記住了企業的案例和相關資訊，由於知道產業之間會相互往來交易，大腦也就會自然浮現出「如果汽車產業的景氣很好，那麼汽車材料業的景氣也會不錯」之類的想法，或是能輕易地聯想到「儘管雷曼兄弟事件引發金融海嘯、亞洲也爆發亞洲金融危機，但在各種金融危機中，娛樂業和醫療保健業受到的影響相對較小」
↓「因此，即使今後再次遭遇重大危機，說不定也不會受到影響」等等。

這種感覺就像是你的大腦中存在著產業關聯表，可以從中精準地提出假說。

此外，自從意識到「沒想到與周遭人相比起來，自己還算蠻了解企業的情況」之後，當我在與客戶公司的總經理和董事們交談時，心理層面的抗拒感也逐漸降低。這正是因為我漸漸地了解到**「對方應該知道，但還不知道的事情」**。雖然他們對於自家公司的情況和產業環境非常熟悉，但卻未必知道周邊產業，更別提稍微沾上邊的領域。

在二〇〇〇年之後，我仍然維持「四季報抄經」的習慣，但除了創投家之外，大公司的管理階層對於當時出現了哪些新興企業，有哪些新上市的公司等相關資訊知之甚少。由於我總能盡早掌握到這些資訊，因此我會告知客戶：「最近出現這種商業模式」之類的資訊。

就這樣，我將完整背誦四季報所獲得的知識應用在工作上，獲得越來越多參與專案的機會，或是得以和客戶一起吃飯。

因為我本身也擔任過諮詢顧問公司的總經理，所以我很清楚，客戶之所以想要邀請某個人一起吃飯，肯定是因為客戶認為「他（她）似乎知識淵博、妙語如珠」。

而我被邀請的原因，一方面是因為當時理科出身的諮詢顧問很少；另一方面，我認為在完整背誦四季報的加持下，讓我與周遭人相比起來，擁有更豐富的產業資訊——這恐怕才是主要的原因吧。

無論是他人將工作交付處理，還是被邀約吃飯的次數，這些經年累月所累積的豐富經驗都會拉開自己與他人的差距，進而逐漸強化身為顧問的實力。

透過完整背誦四季報，我成為了一個能源源不絕湧現假說的人，進而吸引了許多人聚集在我身旁，而我也和他們攜手合作，認真地完成了每一項工作。

只要認真地努力工作，你與客戶（若是擔任公司內勤，那就是與同事）之間就會產生「信任」，而**信任就是連接起人際網絡的接著劑**。

隨著信任一點一滴地增加，人際網絡也會隨之擴大。

如此不但強化了自身的能力，讓自己的技能和人脈成為客戶的強大助力；我也借助客戶的力量拓展了人際網絡，並讓這股力量呈現倍速成長——正是在這個循環中不斷累積增長，我才有機會站到現在的位置。

這就是為什麼我會說「完整背誦四季報」是我職業生涯中重要的支柱。

因為「存在文件和電腦中的資訊」和「存在大腦中」是完全不同的兩件事，所以建議你也牢記這些企業資訊，就算每天只輸入一點點也無妨。

這項輸入的基本功將會成為瞬間思考的基礎資訊。

這就跟閱讀、寫字和打算盤一樣，一旦記住了，後續就只要維護即可。

雖然我現在已經不再輸入一整本《公司四季報》，但出現新上市的公司時，我依舊堅持輸入公司資訊的習慣。

不過，我之所以只輸入新上市的公司資訊，主要還是因為我如今已經記住四季報的內容，知道市場上存在哪些企業並在腦中形成企業的分布圖，如果你還沒打好基礎，不妨先將企業資訊輸入Excel等工具中。一口氣打好基礎，這樣才能事半功倍。

當我還任職於橫河惠普公司時，大約花了三、四個月就完成輸入《公司四季報》的工作（不過我的情況是可以利用上班時間做這件事……）。我認為這個方法只需要投資少許的時間，就能夠獲得終身受用的商業技能。

還在DI公司的時候，有些剛畢業即將入職的學生會問我：「在進入公司之前，應該閱讀哪些書才好？」

雖然讀書也不錯，但對於建立假說而言，我認為背誦《公司四季報》要比閱讀其他書籍有用百倍，所以一直以來我都是建議這個方法。

至於有沒有人實行這件事，就不得而知了。

在DI公司的老員工當中，也有人在年過四十，學習了很多知識，也經歷了許多事情後才跟我說：「我要是年輕時也這麼做就好了。」話說回來，因為幾乎沒什麼人會去做這麼枯燥乏味的事，所以即使過了四十歲才開始也完全不嫌晚。

儘管現在只要動動手指，查詢一下就能找到與上市公司有關的各種資訊，不過，當你在思考時，「是否記住這些資訊」將會導出極大的差異。

從長遠的角度來看，與其運用小技巧，倒不如多做一些**輸入資料**的基本功，打好「思考的基礎」，這樣更有幫助。

那些耍小聰明的諮詢技巧，其實毫無意義可言。

當「完整背誦四季報」已成為常態，不論學生和商務人士都對於國內企業耳熟能詳時，只要接著記住美國企業的相關資訊，你就能與其他人拉開差距。

如果你從事創業投資業務，按照時間順序記住新興市場中有哪些企業上市、發展出哪種商業模式，這個做法也能帶來很好的效果。

如果能夠做到上述事情，接下來再記住在美國和中國新興市場中上市公司的商業模式，就能針對新興企業的商業模式奠定「思考的基礎」。

任職於大型企業並負責新事業，卻不知道從何開始著手的人，我也會建議他們先了解新興企業的商業模式。

儘管全部加起來可能共有數百家公司，但就算很難完全記住，只要能吸收到一些資訊，日後就能從記憶區的抽屜中搜尋相關資料。

若能養成輸入資訊的習慣，不僅能熟悉市場中存在哪些行業，也會有更多機會收到來自公司內部和外部的諮詢與提問。

若有同事向你提問，你也會做更多調查和研究，進而在新創企業領域擁有豐富的知識基礎。

只要持續在腦中輸入資訊並構建起知識基礎，你就能憑感覺知道哪種商業模式可以持續下去，哪些很難成為事業。

除此之外，我還會將成長市場中的上市公司依照市值排列，由高到低依序檢視這些公司的商業模式，勤懇踏實地一筆一筆輸入資訊，雖然很費功夫，但這個方法的效果相當顯著。

我將這個方法稱為**「成長市場的抄經」**（以前是稱為「東證MOTHERS[6]創業板的抄經」）。

雖然有點離題了，但現在回想起來，當初應該在ＤＩ公司內部進行這樣的測驗。我認為這類測驗有助於提升商務人士的能力。

比方說，由日本經濟新聞社或東洋經濟新報社制定評分標準，測試商業偏差值，並在報紙或雜誌上公布成績優異的受試者，這樣或許會有更多人願意學習相關知識。

言歸正傳，藉由完整背誦四季報，將這些基本資訊牢記於心後，閱讀報章雜誌時，你的感受也會截然不同。

以往一眼略過的網路文章或新聞報導，會有越來越多內容引起你的興趣。

如果大腦裡沒有這些基本資訊，人會不自覺地忽略那些內容，相反地，當大腦中存在著這些基本資訊時，光出現公司名稱，就可能會讓人對報導內容產生興趣。

---

6 譯註：MOTHERS 即「高成長新興股票市場」，market of the high-growth and emerging stocks 的縮寫。

這也呼應了先前所說「聞一查十」的概念。

即便你下定決心：「我要成為聞一查十的人！」假使大腦中缺乏基本資訊，也就代表沒有資訊的連接點。在不知從何著手的情況下，很難進入調查研究的階段。

相反地，如果大腦中已經有這些基本資訊，也就是擁有**資訊的連接點**，便容易對各種事物產生興趣。

請回想一下在本章開頭所提到瞬間思考的重點，如：「自行提出敏銳而鋒利的假說」——

①我們所需的假說就是絞盡腦汁想出「對方不知道，但應該知道的事」。

②為了建立假說，必須探究事件和現象發生的機制。在探究機制的過程中，需要意識到「歷史」（橫軸）、「產業知識」（縱軸）以及引起事件或現象的「背景」。

③將導出的假說視為「機制」儲存在大腦中，並利用機制進行類比。

④案例的輸入量決定了導出假說的速度和精確度。
⑤能夠提出假說的人並不是「聞一知十」的人，而是「聞一查十」的人。
⑥在任何情境中都要意識到經驗曲線。

到目前為止，我已說明瞬間思考的相關內容，只要能夠完整背誦《公司四季報》，即可同時訓練瞬間思考所需的上述六項條件。

倘若完整背誦過去十年的四季報，不僅能如探囊取物般掌握「對方應知而未知的事情」，還能擁有廣泛的產業知識，大幅提升對各個行業的歷史知識。

與此同時，還能知道「為什麼這家公司會一路發展成現在的情況」之類的背景因素。

在背誦的過程中，由於你會用自己的方式歸納出機制並牢記於心，因此也能不斷從腦中湧現出各種類比思考。

隨著輸入資訊量的增加，提出假說的速度和精確度也會不斷提高。

由於獲取資訊的網目越來越細，因此也就為自己培養「聞一查十」的習慣奠定了基礎。

以這種方式所累積起來的經驗，他人難以仿效。

我以前去府中賽馬場時，曾經看過背完整本《賽馬四季報》的人。

他不只研究參賽馬匹的父母，甚至研究了母系的血統，還認真地追本溯源並分析勝負機率。回想起這個情景，讓我聯想到也能將這個方法套用在彙整日本上市公司的《公司四季報》，只要我夠努力，或許我也能做到。於是我開始繕打《公司四季報》中的資訊，待我回過神後才發現，我居然在不知不覺中已輸入了十年份的上市公司資料。

雖然在開始之前可能會有心理負擔吧（誠如前述，我也曾經覺得「為什麼要我做這些事……」），但實際嘗試過後，卻意外發現自己竟然能夠完成這項工作。

首先，請嘗試看看。

如果不試著去觸碰自己的極限，這座名為極限的高牆就不會往外挪動。

在記住基本資訊之後，不妨也開始學習各種案例。

這就是所謂的個案研究。包括ＭＢＡ在內，很多領域都會採用個案研究，只不過閱讀商業雜誌和書籍也能達到相當的效果。

然而，最重要的是，去了解為什麼要做這些事情，以及深入探究事件或現象的背景因素。

為此，你必須拉長「歷史橫軸」，並以長遠的眼光來探究事物。

如果是自己的公司，只要了解自家公司的歷史，你就能知道「公司是如何演變成至今的情況」，找出隱藏在歷史軌跡中的線索。

對於整個產業也是如此。像先前提到的遊戲產業和半導體產業等等，如果從長遠的角度探究產業內如何形成主流趨勢，你就能夠看出其中的機制。

再次強調，想要學會瞬間思考，自始至終最重要的觀念就是「聞一查十」，而不是「聽到一件事後，只探究這件事就結束了」。

要不斷累積這個循環。

輸入基本資訊、調查歷史、記住案例，並讓自己養成習慣，聽聞一件事就調查十件相關的事，如此一來，自然能夠湧現假說。

瞬考 17

只要完整背誦《公司四季報》，就能做到靈光一閃，瞬間提出假說。

第3章

瞬間思考的實踐案例

瞬考の実践例

18

在數位轉型之後，隨之而來的新事業浪潮

到目前為止，我們已經提及為了做到瞬間思考，你應該意識到哪些事情和應該實行的事情。

儘管我想盡其所能地傾囊相授，不過，或許有很多人在意的是：「運用瞬間思考，能夠引導出怎樣的假說呢？」

為了滿足這類讀者的需求，我想在第三章中告訴各位，實行這種思考法的具體案例。

在全球經濟遭受雷曼兄弟事件的衝擊之後，直到二〇一三年左右世界才開始慢慢復甦，大型企業也開始探索新的事業。他們實行各種對策，諸如：設立企業創投

（CVC、Corporate Venture Capital）、將人才派遣到矽谷等等。

然而一如既往，自二〇〇〇年以來，企業早已多次出現這些動向，儘管隨著市場景氣的趨緩可能會逐漸消退，但我認為即使投資活動略有萎縮，企業仍會持續探索發展新事業的可能性。

企業會不斷經歷「創業期→成長期→確立競爭優勢期→追求效率期」的周期循環過程。

這是我在BCG度過約四年半的時光裡所學到的「BCG鑽石」概念。若與BCG的資產投資組合或經驗曲線等理論相比，這個概念略顯平庸，使用過的人也相對較少，但它卻是我最喜歡的概念之一。

當企業處於成長期，你可以獨當一面、大刀闊斧地帶領著企業發展，但不久之後就會出現競爭對手。在這種情況下，企業便有必要做出差異化以奠定競爭優勢。換句話說，這個時候企業必須開始制定策略。

圖4 BCG鑽石

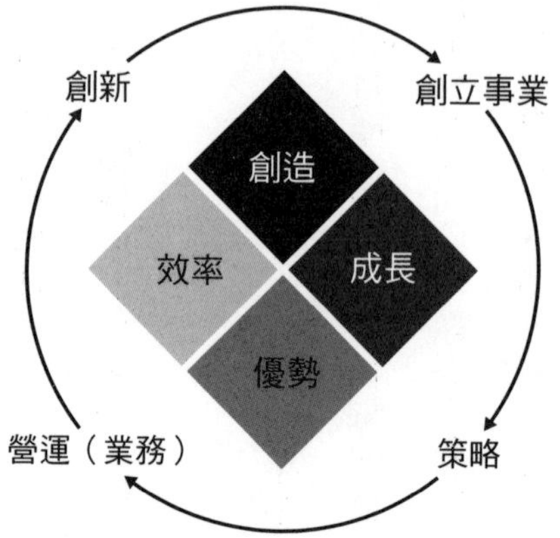

資料來源：《BCG策略概念》（BCG 略コンセプト，ダイヤモンド社）。

當上一個階段結束，優勝劣敗的局勢就已大致底定，隨之便會進入以「促進效率」來創造現金的階段。在這個階段不僅成長力道趨緩，效率化也已趨近極限，因此就有必要開創新的事業。此時企業會再次進入創業期的階段。

從一九八〇年代後半期～二〇〇〇年代，許多日本企業都進入了確立競爭優勢期的階段，到了二〇一〇年以後，則邁入追求效率期的階段。

實際上，打從一九九〇年代～二〇〇〇年代前半期，就已經有許多企業開始實施各種策略，「選擇與集中」也成為當時的熱門詞彙。

然而，過了二〇二〇年之後，時至今日，已經很少聽到有人談論「選擇與集中」這個話題了。

現在更常聽到的是「削減成本」、「業務改革」和「數位化」（DX）。另外，也經常會聽到「追求效率」這類的關鍵字。據說，最近大家經常談論的是「雙元管理」（Ambidexterity）。

追求效率期的階段，也逐漸走向尾聲。

因為受到二〇〇〇年之後的網路泡沫破裂，隨之而來的是雷曼兄弟倒閉引發金融風暴等事件的影響，因此到目前為止，不管是投入企業創投還是開拓新事業，許多企業都不斷遭受挫折，但我覺得這次的情況可能會有所不同。

目前，日本的整體大環境正在走向創業期的階段。

在這種情況下，企業也必須開創新的事業。

然而，由於已經很多年沒有做這件事，在大型企業中負責新事業的人多半不知道該從何著手。

這正是瞬間思考的思維派上用場的時候。

換句話說，第一步就是**輸入大量的資訊**。

就像如果沒有輸入大量資訊，ＡＩ就永遠無法學習一樣，在開始做某件事情的時候，人類的大腦也需要輸入大量的資訊。

具體而言，我建議可以先盡量記住新創企業的商業模式。

以日本為例，截至二〇二三年三月底，已在成長市場（Growth Market）上市的企業共有五百二十三家，在標準市場（Standard Market）上市的公司則有一千四百四十六家（資料來源：ＪＰＸ日本證交所集團）。

將這些公司的商業模式牢記於心，了解何謂新創企業後，你就能在腦中勾勒出新創企業的組成分布圖。

如此一來，大腦就會湧現各式各樣的想法。

如果很難記住所有公司，我建議至少先試著研究成長市場。如果連研究成長市場也覺得困難，不妨從成長市場中市值最高的公司開始依序研究它們的商業模式，這樣也能從中找到新事業的提示。

你應該會意外發現有很多自己不知道的公司，並對其商業模式感到驚奇，心想「原來還有這樣的生意啊」。

如果能實際去研究這些公司，那麼你在公司內也算得上是知識淵博的人了。在不久的將來，由於已經站到了接受他人諮詢的位置，所以有些人會對新創企業產生更多興趣。

完成上述階段後，接下來不妨去了解一下最近幾年美國上市公司的商業模式。以往我都是閱讀 Form 10-k（美國上市公司向美國證券交易委員會提交的年度報告書）的相關文件或是財報說明會的投影片等英文資料，不過，現在也已經有很多解說這些資訊的網站可閱讀。

我個人是訂閱由「美股結算員」（米国株決算マン，從美國企業結算的角度觀察商業最前線）所經營的 note [1]。（每當財報公布後，他都會提出分析報告，介紹美國企業最新的商業模式和盈利能力，對我來說是非常實用的網站。）

至於日本股市的相關資訊，我不僅會閱讀線上版的《公司四季報》，還會從「株探」和「東京ＩＰＯ」[2] 等眾多網站獲取資訊，另外也訂閱由官報部落格（官報ブログ）所經營的 note 來獲取近期的資訊。

儘管我不認識「美股結算員」或官報部落格的經營者，但多虧了有他們的網站，讓我能在某種程度上獲得最新的資訊，是十分有幫助的網站。

只要實行這樣的步驟持續約一年左右，你就能毫不費力地記住報紙或網路上介紹的新創企業相關報導了。

如此一來，不但你的思考基礎會越來越進化，大腦也會更容易吸收各種案例。

在這樣的情況下，當你檢視自家公司的新事業時，或許便會發現新事業和Ａ公司的模式相同，也就是說，一瞬間你就能知道公司眼中的新事業，實際上已經有其他公司早已在做幾乎相同的事情。

當你開始學習各種與新創企業有關的資訊時，通常會越學越感興趣，因此你應該也將能實際感受到，跟剛開始一無所知的時候相比，自己對事業的見解已不可同日而語。

瞬考 18

開拓新事業的趨勢今後很可能持續下去。當新事業面臨挑戰時，第一件事就是輸入大量的企業資訊。

1 譯註：日本最大的內容創作平台。
2 編註：日本股票分析資訊網，https://kabutan.jp/ 與 http://www.tokyoipo.com/。

19

隨著數位轉型發展，財富將集中在知識財產權上

如今是數位轉型的鼎盛時期。許多諮詢顧問公司紛紛轉向數位轉型顧問，為企業的數位化提供協助。

在思考數位化的同時，「權利」這件事變得非常重要。

接下來，我想從漫畫產業的角度來思考數位化所帶來的影響。

回想起來，在我上小學和國中時期，提到漫畫家時，一般都是把在《週刊少年Jump》（週刊少年ジャンプ）或《週刊少年雜誌》（週刊少年マガジン）等雜誌上連載漫畫的人稱為漫畫家。

例如：手塚治虫的《怪醫黑傑克》（ブラック・ジャック）和水島新司的《大

飯桶》（ドカベン），都是我每週開心閱讀的漫畫。

我本來想自己上了大學之後就不再看漫畫，但不管是《七龍珠》（ドラゴンボール）還是《島耕作》系列都遲遲沒有出完結篇，所以直到研究所畢業、成為社會新鮮人，我依舊沒有戒掉看漫畫的習慣。當時就算在電車內，也經常看到翻閱漫畫的年輕人和上班族。

但是，自從二〇〇〇年之後，在電車上看漫畫的人越來越少，現在則是幾乎完全沒有了。漫畫也進入了數位化階段，由於現在可以用智慧型手機閱讀Piccoma和Line漫畫等漫畫網站，所以不再需要翻閱雜誌了。

在智慧型手機加持下的漫畫數位化，可說讓漫畫家的領域無限擴張。

在過去，我們口中的漫畫家是指能在雜誌上連載的人，所以「漫畫家的數量」會受限於雜誌的數量，如今，這個限制已經被解除了。

連同自稱漫畫家的人在內，現今有更多人成為漫畫家，發表作品的機會也隨之增加。

在過去，漫畫堪稱是日本的祖傳技藝，但如今在法國、加拿大、中國、韓國，世界各地都有漫畫家出道。

像手塚治虫和水島新司這類漫畫家，是從故事情節到繪製漫畫全程一手包辦的，但在數位化的進展下，漫畫產業也開始轉變成由劇作家和漫畫家分工合作，協力完成漫畫作品的模式。這些作品大多投稿至漫畫網站，如果受到讀者喜愛，收入也會隨之增長。

此外，如果漫畫大賣，還會接著推出以這部漫畫為原作的戲劇、專屬主題曲、電玩遊戲、周邊商品或人物角色的虛擬化身，甚至還能製作該虛擬化身的數位周邊商品。

然後，還可能拍成電影。如此一來不僅會在電影院播放、還能透過衛星、無線電視和網路串流服務播放影片，更加擴大商業規模。同時，在這個情況下，也會回頭帶動實體周邊商品和數位周邊商品的銷售。

這一連串商機的起源，就是「漫畫」，而收益將會集中在這部漫畫的權利所有者身上。

如果推出了暢銷的漫畫作品，拍成電視劇或製作周邊商品的邀約將如雪片一般飛來。

也會有人來商談主題曲。

而以上這一切，只有在取得擁有權利者同意的情況下才有可能實現。

如果製作主題曲，漫畫家也能主張獲得部分主題曲的著作權或原版唱片權。

有時候大概因為漫畫家不清楚這些事情，所以會慷慨大方地跟對方說「沒問題啊，請拿去用。」但其實只要擁有權利的主體抱怨說：「如果不給我這些權利，我就不同意。」不管是主題曲還是戲劇都將無法製作。

製作完成的內容在數位化的催化下，可以在各式媒體上架。**數位化的發展越快，擁有權利的創作者力量就越強大**。

當元宇宙或虛擬化身的世界加速發展，權利所有者就有可能取得優勢。在人氣角色虛擬化身的加持下，該角色所穿的衣服、眼鏡、手提包等等，所有配件都可以變成數位周邊商品。

當元宇宙的世界更加擴大，購買數位周邊商品的人數也會隨之增加吧！如果利用NFT的方式限量發行，就有可能展開新的事業。

最近歌手、藝人等也開始製作自己的虛擬化身，往數位化方向前進。即使因為行程調整、日本與海外的距離等問題，無法親身前往海外合作，但只要擁有虛擬化身，自然就沒有上述限制了。一旦歌手們實際運用虛擬化身，那麼小賈斯汀和GENERATIONS白濱亞嵐的合作也有可能實現。若虛擬化身合作的演唱會影片獲得驚人的播放次數，那麼現實版的雙人演唱會也有可能成真。

二〇二一年在韓國掀起旋風的K-POP的四人女子團體「aespa」，每位成員就都有自己的虛擬化身。

隨著虛擬化身的演藝事業加速發展，應該也會有很多粉絲想要在現實生活中看到自己的偶像。但是，這些都是在取得原權利所有者的同意之下才能做到的事，假如沒有取得對方的同意，一切都只是癡人說夢。

就像這樣，隨著數位化的進展，財富會越來越集中在權利所有者（智慧財產權所有者）的手上。或許就如「蝴蝶效應」一樣——「如果顧問推動數位化，權利所有者就能從中獲利」。

瞬考 19

隨著數位轉型的進展，
創作出作品的權利所有者所擁有的力量也會越來越強大。

20

從娛樂產業的角度探討「歷史重演」

戰後復興時期的主要傳播媒體是收音機。在那之後，電影進入全盛時期。以東京奧運為分界點，電視機如爆炸般快速普及，然後一直發展到現在。

但是，包含年輕世代在內，和過往的時代相比，我們和家人一起看電視的機會已經大幅減少。

電視機的遙控器不知從何時開始出現Netflix的按鍵，現在的主流是享受串流平台提供的影音內容。

從收音機、電影、電視到線上影片串流服務，每當平台出現變化，市場的贏家也會隨之改變。

在前一個平台獲勝的贏家想要緊接著在下一個平台獲勝非常困難。尤其當企業已在原先的平台獲勝，就會對於是否要切換到新的平台感到猶豫不決。

然而就在這個猶豫不決的期間，搶先進入新平台的市場參與者已經在擴大規模、增加經驗和累積經驗、享受規模經濟和經驗曲線所帶來的好處。

在這個情況下，又更拉開了彼此的差距。結果別說是慢了一圈，許多人可能在落後三圈左右之後才會驚覺情況很不妙，於是開始努力追趕。當彼此的差距已經落後不只一圈時，不管再如何使勁投資，也已無法輕易追上對方。

捨棄DVD出租服務、陷入危機的Netflix在二〇一三年初，便是以起死回生為目標，放手一搏推出了《紙牌屋》（*House of Cards*），結果大受歡迎。

當時Netflix的會員人數在全世界約有五千萬人。

說不定在二〇一〇年時，每個月強制收費的NHK是規模比Netflix更大的提供訂閱服務的內容播放供應商。此時我不禁想像，如果NHK下定決心轉型為網路播放的型態，不知道會是怎樣的光景（這當然與現實不符）。

目前提供網路串流服務的企業如Netflix、亞馬遜影音（Amazon Prime Video），已十分成熟，就算後來有企業以少量投資踏入這個行業，也很難望其項背，想要追上他們，就必須投入龐大的資金。

除非公司擁有如亞馬遜或迪士尼這種金牛等級的財力，那當然另當別論（如圖：BCG投資組合）。不過，如果是從獲利部門中提取資金來投資，那麼在該事業部工作的員工遲早會感到不滿。

因為隨著時間流逝，自家公司與市場主導者的差距會越來越大，只有現金不斷流失。一旦這種情況持續，公司內部也會變得劍拔弩張，因此除非高層擁有很強的領導能力，否則很難繼續下去。

在這種情況下，最好設想下一個平台，並考慮將賭注押在新的平台上。

圖5 演藝事業的BCG投資組合

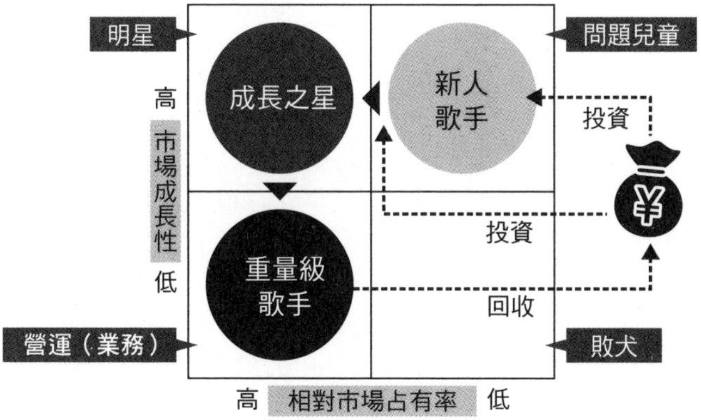

資料來源：《BCG策略概念》，作者分析、製圖。

當然誰也無法確定是否會出現新的平台。但是，與其在一個已經被競爭對手拉開差距，幾乎確定慘敗的領域內戰鬥，還不如另闢戰場，在一個勝負未定，但可以從零開始競爭的領域廝殺，這樣獲勝的可能性還比較高。

在第二章說明遊戲產業時曾提過——當競爭對手是已經在家用遊戲機上累積了豐富經驗，並擁有各種函式庫的企業時，自己很難從頭開始與其競爭。不過，若是在手機問世時，開發手機遊戲，就能與大家站在相同起跑點展開競爭。

採用這種方法取得成功的，就是DeNA和GREE這兩間公司。

同樣地，當競爭對手是已經在手機遊戲領域累積了豐富經驗，並建造出差異化保壘的企業時，可想而知戰況會很嚴峻；但如果出現智慧型手機的平台，在新的領域中，自己就能和其他競爭對手從零開始一較長短。

採用這種方法使企業有所成長的，是玩和線上娛樂和MIXI這兩家公司。

同理可得，與其跟現在氣勢正旺的Netflix或亞馬遜影音等大型企業在線上串流影音平台短兵相接、激烈交鋒，不如預想接下來應該會出現的平台，把精力和籌碼押在那裡，這樣應該更可能會有勝出的機會。

當然，誰都無法保證那場戰爭一定會贏，但我認為比起打一場必輸的戰爭，倒不如寄望於新關的戰場。

瞬考 20

根據當前趨勢，預測「下一個」可能興起的平台並擬定策略，將可提高獲勝率。

21 從證券和NFT探討「歷史重演」

在過去，「股票」就如字面的意思是一張紙。

從前會在股票寫上股東的姓名，藉此判斷「這張股票為誰所有」。但現在，公開發行公司的股票已經全面採行電子化，也就是說，日本沒有實體紙本股票了。

從現在的眼光來看，這種做法太過原始，但日本股票完全電子化是發生在二〇〇九年，說起來也不過就是不久前的事情而已。

雖然我不知道是誰將上市公司的股票毫無例外地「全部」電子化，但我認為這是相當了不起的成就。甚至應該獲得證券界的表揚才對。

這個變化的影響層面不只是證券交易所，包括證券公司在內，應該有許多企業組織的數位化都受到影響。

儘管股票已經數位化，但在日本，股票的過戶和結算仍是由一個名為日本證券集中保管中心（簡稱 JASDEC）的機構集中管理。雖然這個機構採用集中管理的方式，但只要改用區塊鏈進行分散式管理，那就相當於是非同質化代幣（Non-Fungible Token，縮寫 NFT）了。

一旦經過數位化處理，不管是證券、照片、影像還是聲音，都會成為數據。無論偶像照片的珍貴數位影像還是數位繪畫——持有者是誰？買賣後持有者的名稱更改為誰？如今的做法都與現在已經完全數位化的股票更名沒有什麼不同。

如果是股票，我們可以計算其資產價值，當你點選線上證券的畫面時，螢幕上會立即顯示「您的股票資產為○○萬元」。

你可以使用這些股票作為擔保品取得融資，或是購買新的股票（信用交易）。

此外，也可以將手上持有的股票出借給他人以賺取利息。

這麼看來，如果今後流行使用ＮＦＴ進行數位資料交易，或許也會出現數位影像的資產管理服務。

或許還會出現將此資產作為擔保品取得融資的信用交易。

甚至，可以暫時出租電子數位資料影像並藉此獲利。如果證券能做到，其他具有資產價值的影像數據應該也能做到。

就像這樣，當你心想：「證券數位化後進行過戶和ＮＦＴ，其實兩者的機制不是一樣嗎？」並提出假說時。你就會去想，在這個假說之下，ＮＦＴ是否也有可能如同證券一樣，衍生出信用交易、股票借貸、資產管理等金融服務呢？還是並非如此呢？各種想法都可以由此無限延伸。

這也是從瞬間思考中出現的商機假說。

瞬考21

從股票的機制中探究利用數位資料提供金融服務的可能性。

22

探討神社和粉絲俱樂部商業活動的共同點

神社和粉絲俱樂部。雖然乍看之下，似乎沒有共同點……。

—香油錢＝打賞、抖內（Donate）

—抽籤＝扭蛋

—破魔箭、護身符＝周邊商品

—經書＝專輯

—廟會＝演唱會

—廟會攤位＝在演唱會會場銷售周邊商品

但如果像這樣比較神社和粉絲俱樂部的結構，又會覺得有相當多相似之處。此外，知名神社出版的刊物，也可視為粉絲俱樂部的會刊。

但是，與這類結構相似的組織不只有神社。

就某個層面來看，政黨之類的組織和粉絲俱樂部之間也有一些共通之處。

花道和茶道也有「〇〇流」等流派之分，組織結構中也存在總本山[3]、師父和弟子；空手道和柔道亦有各種流派，也一樣有師父，並在世界各地擁有加盟組織。

以粉絲俱樂部的情況來說，粉絲會邀請朋友加入粉絲俱樂部，也就是粉絲找來更多粉絲。

因此，與其狂打廣告，不如透過口碑傳播。

由知名人士代言的化妝品風靡一時、知名 YouTuber 介紹的商品狂銷熱賣，這正

3 編註：日本佛教用語，指於教派內，被賦予特別地位的寺院。

是粉絲俱樂部的商業模式。

有鑑於此，在這個透過社群網路相互聯繫的時代，只要了解擁有悠遠歷史的神社、政黨、花道和茶道的組織結構，應該也能從中學習到很多有助商業的資訊。

此外，充分利用最新科技和數位化技術，或許就能以全球統一的標準來管理證書、黑帶或晉級考試等事宜。

如此一來，無論是晉級考試的成績核可，還是晉級考試的收費等，這些手續全都能在數位化的基礎上採行一貫化作業，而且範圍不侷限於日本國內，還適用於海外國家。

瞬考 22

在神社和傳統技藝的機制中隱藏著與商業有關的提示。若以數位化方式管理遍布全球的領域，就有機會從世界各地獲取收益。

23

探討唱片的復興和書籍的未來

二〇二〇年，黑膠唱片在美國的銷售額超越ＣＤ。

在英國也是，黑膠唱片的銷售額，已經超過了ＣＤ的銷售。

即使在日本，黑膠唱片的熱潮也捲土重來，根據二〇二一年的數據顯示，黑膠唱片的銷售額較去年同期成長一七四％。

據英國唱片業協會之說，以前是過去發行的老唱片銷量較好，但二〇二二年卻是當年發行的黑膠唱片比較暢銷。

看來這不僅僅是短暫的榮景，黑膠唱片將會持續熱賣下去。

黑膠唱片曾經一度式微，而ＣＤ廣為流行。

後來，隨著網際網路的普及，換成CD逐漸衰退。目前，透過串流媒體服務享受音樂已成為主流。

然後時至今日，黑膠唱片再度開始風行。相比之下，書籍的世界又是怎樣的光景呢？

到處都能聽到有人感嘆書籍越來越難賣，銷售量年年下滑。隨著智慧型手機的普及，紙本書籍的銷售情況早非一片看好。

然而，就像黑膠唱片一樣，如果能夠創造出只有透過實體書籍才能品味到的某種價值，那麼，它就有可能存在商機。

二〇一三年，曾經擔任《星際爭霸戰》（*Star Trek*）導演和《LOST檔案》（*Lost*）製作人的J・J・亞伯拉罕（Jeffrey Jacob Abrams）出版了一本名為《S.》的書籍。

雖然當時在日本幾乎沒有什麼人討論這本書，但我看到這本書的時候，內心深感震撼。

由於日本並未販售這本書，所以我請美國的朋友幫忙購買十本寄給我。《S.》的故事情節講述大學生和圖書館員透過信件、筆記、新聞報導等線索，解開了發生在戰前的悲劇事件之謎。

在這本書當中夾帶了這些信件和筆記。

大學生和圖書館員的互動內容密密麻麻地記錄在書的空白處，由這些互動構成了故事。

這本書的售價約落在一千五百元左右。夾在書當中的剪報、信件和明信片都製作得非常精美，幾乎可以被視為商品而非單純的書籍。

而且，書籍本身在故事情節當中還占據重要的地位。

作者並非只將這本書定位為「傳統的書籍」，而是把其當成懸疑小說的道具來銷售，這可謂是一種非常新穎的想法。

如果仔細思考，我覺得CD與其說是「用來聆聽音樂」，不如說是像寫真集之類的商品。

話說回來，現在還有多少人會用ＣＤ聽音樂呢？

大多數人甚至連ＣＤ播放器都沒有，不是嗎？

藉由改變書籍的定位，也有可能創造出新的商機。

瞬考 23

受到數位化影響的領域，
應該利用實體素材獨有的「不同價值」來吸引顧客。

24

探討BTS的歌曲創作和Linux

以往創作歌曲只要有作詞家和作曲家兩個人就足夠了。

至於創作型歌手，則是一手包辦作詞作曲。

先前也提過，在日本，歌曲創作版稅的大致行情是作詞版稅約三%，作曲版稅約三%，歌手版稅約一%，因此創作型歌手可獲得七%的版稅。

過去只要黑膠唱片或CD暢銷，日本銷售量便可達到百萬張以上，因此會帶來驚人的版稅收入，但如今CD的銷售量已大不如前，情況應該與以往有所不同。

因此就日本的思維而言，或許是越少人參與創作越好，但K-POP的情況卻截然不同。

在K-POP的歌曲創作過程中，很可能會有多達十人參與其中。

BTS要製作新歌時，世界各地的旋律創作者、器樂創作者和詞曲創作者都會湧向BTS這座充滿魅力的池塘，爭相參與創作。

因此，即使列名創作者，據說有些人可能只負責了兩小節或四小節。

參與創作的人數高達十人，每個人能分到的利潤可能會變少，但以他們的情況來說，作品的銷售市場遍布全球而且極為暢銷，所以完全沒有問題。再加上是由世界頂尖詞曲作家參與創作，當然能夠製作出很棒的歌曲。

在電腦的世界中，UNIX電腦問世時（一九八〇年代後半期～一九九〇年代前半期），惠普、IBM、DEC、昇陽電腦（Sun Microsystems）等公司皆各自開發了自家的操作系統（OS）。

然而，不屬於任何一家製造商的Linux卻在UNIX操作系統中占據了主導地位。參與Linux開發的成員，有可能是IBM的工程師，也可能是惠普的工程師。

來自世界各地的工程師都參與其中，一旦出現問題，他們會立即填補漏洞進行修復，進而使系統不斷改進。

相較之下，單一公司的作業系統因為改善速度緩慢，容易導致客戶多所抱怨；但Linux出現問題時，馬上就有人能進行修復。

Linux能夠做到這一點，是因為早在一九九〇年代初期，工程師們便已經透過網路互相串聯了起來。

換句話說，當電腦連接到網路，人與人之間能夠無遠弗屆相互聯繫時，便可以吸引世界各地的優秀人才齊聚一堂進行開發。

歌曲創作也正在逐漸轉向Linux模式，而同樣的事情，也可能發生在其他領域。

瞬考24

BTS和Linux模式的創作方式，將是網路時代的致勝之道。

25

比經濟分析師和投資家早兩年發現「成長型企業」的方法

儘管二〇二一年正值新冠肺炎疫情肆虐全球，但ＩＰＯ（Initial Public Offerings，首次公開募股）市場卻依然蓬勃發展。

在美國上市的大型ＩＰＯ案中，有市值達五千億元的３Ｄ開發平台「Unity Software」，以及市值達一兆五千億元的雲端數據平台「Snowflake」。

此外，於二〇二一年八月上市的大型ＩＰＯ案則是從事日誌管理和安全分析的「Sumo Logic」，以及德國的新冠疫苗研發公司「CureVac」。

「CureVac」的主要股東是德國軟體巨擘思愛普（ＳＡＰ）的共同創辦人霍普

（Dietmar Hopp），持股比例超過五〇%並掌握了公司經營權，德國政府的持股比例為二三%，就連微軟創辦人比爾蓋茲（Bill Gates）也參與了投資。

另一方面，華倫巴菲特和賽富時（Salesforce）的風險投資部門也投資了Snowflake。

由此可見，幾乎大多數的ＩＰＯ都與科技或醫療保健領域有關，而其他行業則鮮少被視為成長型領域。

後來納斯達克市場因美國利率升高而遭受重創，儘管新興市場呈現低迷狀態，然而就如同ChatGPT的OpenAI的橫空出世那般，未來應該會有更多新的科技公司嶄露頭角。

當前的商用軟體／硬體市場正隨著賽富時等SaaS（軟體即服務）公司興起而蓬勃發展，但回首過往，這個市場也曾經歷過各種變遷。

一九八〇年代，來勢洶洶的昇陽電腦；一九九〇年代，急速成長的德國思愛普、甲骨文（Oracle）和思科（Cisco）；千禧年代的賽富時——每個時代都有新的明星企業崛起。

在過去十年裡，也出現了許多引人關注的公司，例如ServiceNow、Workday、Okta和Coupa Software。

另一方面，也有敗部復活的案例。

在半導體領域中，曾被視為遊戲半導體供應商的輝達（NVIDIA），就在ＡＩ時代展現出了勢如破竹的氣勢。

原本以英特爾相容晶片而聞名的ＡＭＤ，在五、六年前市值約四百～六百億元，如今已成為輝達的強敵，並憑藉著ＧＰＵ重新崛起。

截至二〇二三年三月為止，英特爾的市值已達三兆元，ＡＭＤ則超越英特爾，達到四兆元。

順帶一提，輝達的市值約十八兆元。

二〇一五年七月時，我在DI公司舉辦的研討會上曾經提到「半導體的霸權會隨著平台改變而改變」——

—個人電腦領域：英特爾。

—手機領域：高通。

—AI和自動駕駛領域：輝達。

我當時也在會議上提到各領域掌握霸權的企業如何形成，但觀眾的反應很冷淡。畢竟在當時，日本幾乎沒什麼人知道輝達這家公司。

二〇一五年時，輝達的股價幾乎沒什麼波動。說起人工智慧，當時正值谷歌（Google）和臉書（Facebook）大量招聘頂尖AI工程師的時候，日本政府也舉辦會議討論日本該如何在AI領域迎戰谷歌和臉書。

在那次會議上，我提出了以下觀點——

ＡＩ的運作需要半導體。日本的半導體技術人員擁有過去累積的豐富經驗和過往歷史，不管是在研究人員的能力上還是數量上，日本堪稱擁有世界頂尖人才，不僅人數眾多，而且涵蓋範圍很廣。相反地，在ＡＩ領域中，日本國內能與世界相抗衡的研究人員和工程師相對較少，不僅人數有限，而且涵蓋範圍狹窄，因此我認為與其在ＡＩ上投入大量資金，不如把握這個平台轉變的時機投資半導體。

然而由於個人力量有限，我的主張並未獲得支持。

結果，儘管日本政府在蔚為風潮的ＡＩ領域投入了龐大資金，卻未能看到能與世界一較長短的跡象。

基本上，**強化自己的優勢才能甩開競爭對手、拉開雙方差距**；而想要扭轉競爭劣勢，要不投入龐大資金，要不就專注在新的特殊策略上。

即使和業界頂尖企業做同樣的事情，自己所投入的資源通常也遠遠比不過對方，再加上本就處於劣勢，因此我認為想要迎頭趕上是不可能的事情。如果一定要做的話，就要採取完全不同的戰略。

在這些因素之下，就連DI公司內也只有少數人在關注輝達。雖然現在輝達已成為眾人關注的焦點，但把時間拉回到二〇一五年，當時並沒有確切的證據能證明輝達會成為一匹黑馬。

雖然我也曾經感到遲疑，心想：「在研討會上講這些內容是否妥當？」但是，原來任職於本田F1工程師，後來轉職進入DI公司的Y先生強化了我對這項假設的信心。

就在舉辦研討會的幾個月前，他回到母校東京工業大學的研究室，當時他驚訝地發現大家都在使用輝達的晶片，所以他告訴我：「該不會是產業要出現什麼變化了吧？」

在那件事的幾個月前，我曾與一家創投公司的總經理聊天，這位總經理經常和美國英特爾的研究人員、頂尖工程師們討論交流。我聽他說：「英特爾的一流研究人員很肯定地告訴我，最可怕的對手既不是高通，也不是ＡＲＭ，而是輝達。」

當我問他：「輝達製造的產品就是像視算科技（ＳＧＩ）那種遊戲用晶片吧？」他的回答卻是：「不是喔，他們是從圖像處理半導體開始發展的，現在是製造圖形處理器等產品。」這是二〇一四年底左右的事情。

在那之後，我和Ｙ先生分頭觀看輝達執行長黃仁勳的簡報演講影片。在觀看大量介紹輝達的影片後，黃仁勳身穿黑色騎士夾克，充滿熱情、慷慨激昂地介紹自家公司ＧＰＵ的身影，已在我的腦海中留下深刻印象，也讓曾經擔任工程師的我和Ｙ先生徹底地成為了輝達的忠實粉絲。

叨叨絮絮地說了這麼多，我想告訴大家的究竟是什麼呢？雖說是理所當然的事，但我想表達的是——**優秀的工程師，是會最早發現新技術的人。**

比起諮詢顧問和證券分析師，優秀的工程師能夠更快反映出市場動向，因為他們需要測試、接觸和開發新技術。

在一九九〇年代初期，惠普是路由器和橋接器等網路設備的領頭羊。思科的產品雖然價格便宜，但大家也認為「一分錢一分貨」。然而後來，許多優秀的工程師紛紛跳槽到思科。

隨後惠普轉瞬間就被思科超越，幾年之後，惠普甚至開始銷售思科的路由器。類似的情況也發生在數據庫工程師身上，他們紛紛跳槽到了甲骨文。

實際上，從工程師們開始成群結隊跳槽至某間公司起，到市場和股價的反映，大概要再經過數年之久。

因此，如果有人詢問：「下一個會引發風潮的技術和企業在哪裡？」當然你可以選擇支付顧問費用來獲得資訊，但我會建議採用以下方法——而且這也是最有效的方法。

定期與幾位美國高科技領域的獵頭公司（Head Hunter）討論交流，定期觀察工程師的動向。

討論範圍不僅限於自家公司的人才招聘，也涉及全球人才流動的主要趨勢。這樣的討論深具意義。

其實領英（LinkedIn）這類平台應該也算是了解人才動向的最佳途徑。

透過觀察搶手工程師的動態，可以推測接下來有哪些領域可能崛起。

瞬考 25

只要觀察工程師的動向，
你就能比經濟分析師和投資者更早預測到哪些公司會成長。

26 發現成長型企業的方程式

在二〇〇二年歲末之際，也就是ＤＩ公司創立後沒多久，我把一項作業交給了同事——當時年紀約二十多歲的專業人士Ｍ先生。

我跟他說：「明年我們將以新創公司為對象舉辦研討會，所以我希望你思考一下，什麼是能夠持續成長的新創公司？」

當時的Ｍ先生還不到二十五歲，我在提出自己的論點之後，也為持續成長的新創企業做出明確的定義。儘管那時已經有CD-ROM版的四季報，我還是把厚重的紙本《公司四季報》交給他，請他分析裡面的內容。

我要他把一九九二～二〇〇一年這十年間，無論是在地區型證交所掛牌上市，或者從店頭市場升格東京證券交易所的上市公司、企業，全部列出來，取出銷售額和稅前淨利等數據，然後按照步驟二、步驟三、步驟四、步驟五依序審視篩選。

他的努力獲得了回報，我們得到非常有趣的分析結果。經過步驟四的篩選後，只剩下八家公司進入最後階段；而在步驟五的篩選過後，剩下了五家公司。

請大家以二十年前的資料為前提（保留當時的公司名稱）來看待這份分析結果，在M先生機械式地執行這五個步驟後，我們獲得的結果如左頁圖。

在二〇〇三年的分析結果中，唐吉訶德（現在的泛太平洋國際控股公司）位居第一，普客二四（Park24）位居第二。

就成長率而言，唐吉訶德的表現獲得壓倒性的勝利。

雖然現在唐吉訶德的銷售額已達到約三千八百億元，市值達三千四百億元，但當時唐吉訶德的銷售額還只有約二百五十億元。規模還不到現在的十分之一。當時，唐吉訶德與同業的MrMax和北辰商事並駕齊驅，但在二〇〇〇年、二〇〇一

圖6 萃取出成長型企業的機制

IPO後仍持續成長企業的定義

步驟一	1992年～2001年期間，在地區型證交所掛牌上市，或者從店頭市場升格東京證券交易所的上市公司。	408間
步驟二	其中有任何一年曾出現過稅前淨利為負數的公司除外。	344間
步驟三	其中從1992年到最近一年的平均營業利益成長率年增*低於40%的公司除外。*從揭露資訊以來至2002年的營業利益率成長率。	51間
步驟四	其中任何一年曾出現減益的公司、外資公司的日本分公司及大型企業的關係企業除外。	8間
步驟五	其中業界排名後段班的公司除外。	5間

各步驟中的企業

步驟三（51間公司）

唐吉軻德
普客二四
（株）VITEC HOLDINGS
秀英予備校（株）
C2 Network（株）
（株）Gulliver International
HOKUTO（株）
KYOTO KIMONO YUZEN（株）
（株）MegaChips
（株）MEGANETOP
Sammy（株）
（株）Urban Corp.
（株）JOINT Corp.
People（株）
（株）Three F
（株）KYODEN
（株）POPLAR
（株）Argotechnos21
TDC Software Engineering（株）
（株）Goldcrest
NIPPIN PILLAR PACKING（株）
FUJI Electronics（株）
（株）ENIX Corp.
UNIDUX（株）
（株）Riso Kyoiku
（株）Venture Link
SUGI藥局（株）
（株）TOP CULTURE
日本綜合地所（株）
（株）UNIMAT OFFICECO
（株）ROCK FIELD
日本甲骨文（株）
（株）AUCNET
Trend Micro（株）
（株）同志社
（株）Colowide
（株）Moshi Moshi Hotline
（株）光通信
Q' SAI（株）
松田產業（株）
（株）Ringer Hut
WATAMI FOODSERVICE（株）
（株）武富士
（株）ROUND ONE
（株）良品計畫
（株）Fast Retailing
（株）CATS
（株）SANIX
（株）三城
FUJI Software（株）
（株）乃村工藝社

步驟四（8間公司）

唐吉軻德
普客二四
C2 Network（株）
HOKUTO（株）
KYOTO KIMONO YUZEN（株）
（株）JOINT Corp.
（株）Three F
（株）POPLAR

步驟五（5間公司）

唐吉軻德
普客二四
C2 Network（株）
HOKUTO（株）
KYOTO KIMONO YUZEN（株）

資料來源：Dream Incubator公司2003年研討會資料。

年時，一口氣超越了他們。

至於位居第二的普客二四，儘管在二〇二一年時因新冠肺炎疫情吃了不少苦頭，但在二〇二二年時，它已經是銷售額達到約六百億元，稅前淨利達到約四十三億元的大型企業。但在二〇〇二年時，普客二四的銷售額為約九十五億元，稅前淨利約為九．五億日圓。

步驟三的篩選條件「這十年的營業利益成長率超過四〇％」，是一道難度相當高的門檻；再加上步驟四的篩選條件「在這十年當中，沒有任何一年收益下滑」——這些就是十年來持續成長的鐵證。

換句話說，透過這些數據篩選，將顯示出哪些公司的商業模式堅若磐石，並且具備持續成長的潛力。

那麼，我想要表達的是什麼呢？

當時的M先生是一位剛從電信設備製造商轉職進入DI公司的新員工，既沒有企業管理的知識，也只有大約兩年的商務經驗。

他原本就是個性格開朗、聰明才智出眾的年輕人，在他與厚重的上市公司資料奮力搏鬥的過程中，僅僅花了十天左右的時間，就已經掌握了哪些領域呈現成長姿態、市場上又存在哪些公司。

隨後，針對通過步驟五所剩餘的這五家公司進行案例研究，淬鍊出這五家公司的共同本質後，我們在二〇〇三年舉辦了一場以新創企業為對象的研討會。

M先生在一連串的磨練中成長茁壯，並在離開DI公司後前往東南亞創業。

剛才我所說明的是二〇〇三年的分析結果。

即使現在再次進行這類分析，我想應該也能獲得許多富有啟發性的分析結果。

目前市面上已經推出許多分析上市公司數據的工具，例如：SPEEDA和Buffett Code等等，所以已經不用像以前那樣手動輸入數據了。

就Buffett Code來說，不僅可以免費使用，也具備相當豐富的分析功能。但如果你認為自己也能做出這些分析，不妨先根據上述「萃取出成長型企業的機制」，按照步驟一～步驟五實際做做看，如此應該能獲得只有你才知道的新發現。

瞬考26

運用「萃取出成長型企業的機制」，在調查企業資訊的過程中，可以發現只有自己才知道的機制。

27

打造出每個人都願意參與的池塘

在創業的世界裡，簡報提案（Pitch Event，或稱投售）百花齊放。不僅創投公司，大型企業也紛紛參與，許多創業家都參與其中。

在距今大約二十年前，我曾問過某位創投經理：「如何尋找有發展潛力的新創企業呢？」

當時他的回答是：「基本上就是閱讀報章雜誌，然後親自拜訪一些看似不錯的公司。」

那是一個既沒有社群網路也沒有簡報提案活動的年代。

然而，自從美國的 Y Combinator（簡稱 YC）出現以來，由於該公司致力於支援新創企業、培育創業家，尋找企業潛力股的方式已從親自拜訪轉變為「建立聚集眾人的架構」。

這種機制與近年來時興的K-POP等各種選秀活動的架構幾乎相同。

以往發掘明星的步驟是在街頭尋找新人，然後培養成偶像。但目前時興的方法是選秀活動。篩選出新人之後，接下來就是培養和出道的過程。

這種方式的起源可以回溯到一九七一年，當時日本電視台舉辦了一個由觀眾參與的公開選秀節目《明星的誕生！》（スター誕生！）。

在這個節目當中，幾位挑戰者會在通過嚴格的預賽後，以歌唱比賽的方式相互競爭。話說回來，這就是簡報提案活動嘛！在總決賽中，眾多藝人經紀公司的星探會齊聚一堂，舉牌邀請自家公司想要培養的新人。

這種做法的確與Y Combinator如出一轍。

山口百惠和小泉今日子也都是從《明星的誕生！》這個選秀節目中嶄露頭角的

明星。

對於藝人經紀公司來說，這樣可以非常有效率地發掘有才華的新人。從電視台的角度來看，由於與藝人經紀公司之間是介紹新人的合作關係，因此在電視台與藝人經紀公司的權力平衡中，電視台屬於具有優勢的一方。

Y Combinator和創投公司之間的情況可能也是如此。

不過，如今的選秀節目總一而再、再而三反覆播放，而且大家還可以透過社群網路串聯起來。在這種情況下，是否還有星探仰賴選秀節目挖掘新人呢？

這就像在這個時代，是否還有職棒球探在甲子園才初次發現優秀投手是一樣的問題。

不管怎麼說，選秀活動的幕後推手——Y Combinator和當時的日本電視台，兩者的地位都因創造出那樣的架構而變得更強大。

如果創造一個「大家都願意跳進來的池塘」，有才華的新人和創業家就會在此聚集。在這個萬物互聯的現代社會中，**創造一個人人都願意參與的環境**，或許就是商業的基礎。

曾有人以實際行動告訴我如何創造一個大家願意參與的池塘，他就是曾在富士電視台擔任深夜綜藝節目《All Night Fuji》和《晚霞貓咪》（夕やけニャンニャン）等節目的製作人笠井一二。

十多年前，我在惠比壽的小餐館遇到了笠井先生。

起初我並不知道他是這麼有名的人，我們經常一起外出遊玩，去船釣或打高爾夫球等。

因為船釣、打高爾夫球都是一整天的活動，所以他也教導了我許多事情。

其中**「創造一個眾人聚集的池塘」**，就是令我印象最為深刻的一句話。

二〇一四年的某一天，我和笠井先生如同往常一樣在白金台的小餐館吃飯時，我告訴他：「今後在日本不再只有電視台，還會出現像是Netflix或亞馬遜影音等，許許多多的網路影音串流服務。」聽我說完後，他告訴我：「如果這種平台或服務越來越多，未來可能會面臨電視劇導演和電影導演不足的窘境。電影導演需要拍電影才能有所成長，但年輕的導演卻沒機會拍攝電影。因為他們多半都很窮，所以也沒錢拍電影。換句話說，如果放任不管，年輕導演可能永遠無法成長。」

笠井先生是一個令人感到不可思議的人，我完全不知道他那些靈感和創意到底從何而來。

雖然我也曾問過他，但他的靈感和創意源自何處，至今仍是一個謎。

就拿那一次的談話來說吧，他也是只想了大約二～三分鐘後，就跟我說：「你覺得我的想法如何？」然後開始侃侃而談起他對於「未完成電影預告篇大賞」（MI-CAN）的構想。他的談話內容大致如下——

——這世上一定有才華洋溢的新銳導演，但我們不知道他們在哪裡。

—想要尋找這些有潛力的後起之秀需要花費大量的時間和精力。
—因此我決定打造出能讓這些新銳導演齊聚一堂的環境。
—首先，邀請這些有潛力的新銳導演製作自己想要的電影預告片，影片長度為三分鐘。
—由於是三分鐘的影片，相對於拍攝整部電影，製作成本低廉很多。
—舉辦預告片的選秀活動，將這些有潛力的導演聚集起來。
—因為片長只有三分鐘，因此評審花費的心力也相對輕鬆。
—冠軍的附加獎項是相當於三千萬日圓的製作費，並賦予該名導演製作電影的權利。
—由知名導演從旁指導和支援。

由我們憑空尋找具有潛力的優秀導演相當困難，所以笠井先生才會說要打造出一個能聚集優秀導演的環境。當我還在欽佩笠井先生能在二、三分鐘內想出這個絕妙點子時，他對我說：「山川先生，您來負責集資吧！我會和那些支持我的導演們討論。」於是我們在小餐館中的這段談話，一下子就化為現實行動了。

順帶一提，當我還是大學生的時候，有一本書名為《天才秋元塾 你也可以加入我們的行列！小貓暴發戶》（天才秋元塾 君もなれるぞ！おニャン子成金）的書籍。這本書的概念是請讀者看著日本女子偶像團體「小貓俱樂部」的照片，在創作歌詞後報名參加甄選活動。

該活動由秋元康先生擔任評審，優秀的作品有機會被選為小貓俱樂部新歌的歌詞。這樣一來，獲選的作詞者就能獲得版稅，晉升為「小貓暴發戶」的一員。

根據這本書的排版方式，當你打開書時，左側會有小貓俱樂部的照片，右側頁面則只有供創作歌詞使用的方格稿紙，再來就是活動須知而已。

或許有人會覺得：如此荒謬的活動會有人報名參加嗎？事實上，據說當時報名者眾多，從日本各地寄來的報名郵件甚至把富士電視台的房間堆滿了一整間。

當時報名的年輕人或許也隱約有所察覺。雖然抱持著懷疑，心想「這肯定是富士電視台的圈套吧？」但他們還是前仆後繼地報名。

我認為這或許就是片長僅三分鐘，「未完成電影預告篇大賞」的原點吧！無論是「未完成電影預告篇大賞」的構想，還是《天才秋元塾 你也可以加入我們的行列！小貓暴發戶》的做法，都是打造一個大家願意參與的環境，就這一點來說，這兩者擁有相同的機制。

從「未完成電影預告篇大賞」中脫穎而出的導演，他們拍攝的作品包括二〇二一年上映的《愛上透明系女孩》（猿楽町で会いましょう），以及二〇二二年上映的《神奇城市胡差》（ミラクルシティコザ）。

一般來說，在製作一部電影時，常常會有許多相關單位牽涉其中，包括原著、贊助商和製作委員會等投資方，因此難免會受到各種限制。

然而，這些電影是完全原創的作品，因此導演可以無所拘束地自由製作。

一段始於在小餐館裡閒聊的談話，在日後化為現實，搖身一變成為讓才華洋溢的年輕導演製作電影的平台。

在原本空無一物的地方，嶄新的事物應運而生。

「創造一個大家都願意參與的池塘」，正是商業活動中如此重要的機制。

瞬考 27

不是「自己去尋找人才」，而是打造一個「大家都願意參與的池塘」，並以在權力平衡中處於優勢地位為目標。

28

走向商品化時，不妨改變方向

無論你推出多麼新穎的商品或服務，它終有一日會走向標準化，成為到處可取得的商品或隨處可見的服務。

即使是你本來認為沒有人做過的事情，無論是完整背誦四季報並熟知各家企業，或是透過甄選方式聚集創投公司、歌手，一旦大家都這麼做了的時候，原有的差異性終將漸漸消失。

這時候唯一的方法就是——**改做別的事情**。

例如，當大家都開始閱讀《公司四季報》時，你可以改為收集美國企業的資訊；如果眾人都透過試鏡方式招募歌手，你則可以著手建立一個廣布全球的徵才網路……。你所能做的，就是運用巧思另闢途徑。

儘管韓國的K-POP選秀活動比日本更加盛行，但參與這些選秀活動的新人的相關資訊，絕大部分的韓國經紀公司星探也都已經有所了解。在參與選秀的階段，這些新人的相關資訊早已經為大眾所知。

誠如前述，「星探在選秀節目中才發覺有如此優秀的新人」這種情況，在社群媒體時代，已經不復存在。

說起來，經紀公司期待的效果就是這些新人們在選秀節目中，便先自然而然地吸引到一批粉絲，而不是只把選秀節目當成發掘新人的場域。

在新創企業的世界應該也是如此吧！如果是在簡報提案活動中才初次發現有那麼優秀新創公司、如此後知後覺的創投家，應該很難在這個領域取得成功。

說穿了，你必須**建立自己的資訊網**。

無論是K-POP的星探也好，創投家也罷，兩者的機制其實非常相似。

以K-POP星探的情況來說，儘管是剛踏入星探這個行業的新人，但藉由遍及全球的星探網絡，也可從中收集資訊並挖掘到潛在的人才。

由於星探網絡講究的是人與人之間的關係，在從事十年的星探工作後，星探自己也將成為該網絡中的一部分，進而脫離公司獨立發展。

創投工作也是類似的結構。不僅需要負責籌資和發掘新創公司，同時也必須建立起自己與其他創投家之間的網絡，以及與投資家之間的網絡。

一旦建立起自己的人際網絡，創投家就可以獨立運作了。

以策略顧問的情況來說，除了大學時期的朋友之外，他們幾乎不會跟相互競爭的顧問建立人脈網絡，但創投家則未必如此。這就是策略顧問和創投家之間最主要的區別。

近年來，有越來越多人從策略顧問轉換跑道，改為從事創業投資事業，由於這兩項工作我都有經驗，所以個人覺得兩種工作之間有很大的不同。

即使兩者都屬於專業人士，但要求卻有所不同，創投家所要求的是各種不同的人際網絡；而策略顧問所看重的則是個人能力。

如果拿來與其他職業比較，我認為可以概括為以下幾項職業：

—創業家

—創投家

（一道鴻溝）

—（重整等）私募股權

—諮詢顧問

但無論是哪種職業，今後都將不再是單打獨鬥的時代，而是運用各種網絡相互競爭的時代。

就像沒有連接網路的電腦無法充分發揮功能一樣，這個時代的商務人士若缺乏人脈，將面臨嚴峻的挑戰。

無論你有多麼聰明、多麼敏銳，如果對方不想要「將這個人加入自己的資訊網」，你就只能孤軍奮戰。回顧ＩＴ的歷史，就連獨立作業的專業級電腦也是逐漸走向被淘汰的命運。

為了讓他人願意將自己加入優質網絡之中，**你必須與他人做出差異化**。你需要投入他人尚未做過的事，或者做具有其他附加價值的事情。

瞬考
28

面對商品化和標準化的解方，提示就在於「人際網絡」中。

29

遇到困難時，不妨回顧歷史

Netflix最初採取的商業模式，是將顧客透過網路訂購的ＤＶＤ郵寄給他們。儘管後來轉型為提供網路串流影音服務的公司，但它原先只是一家提供線上ＤＶＤ租借服務的公司。

Netflix會分析顧客的訂購數據，向顧客推薦下次觀看的影片。它不僅曾經是全美ＤＶＤ租借市場的龍頭，更以此為起點展開串流影音服務事業。

Netflix的發展背景與目前同樣提供串流影音服務的Disney+截然不同。

相對來說，Netflix比較接近亞馬遜影音。

他們的首部熱門影集《紙牌屋》也是徹底分析了顧客數據後，從中找出應該採用的演員、該雇用的導演，以及拍攝與製作的方向等。

目前Netflix與亞馬遜影音、Disney+等影音平台之間的競爭已呈現白熱化，我認為隨著市場逐漸飽和，各家廠商將會開始採取不同的策略。然而，Netflix的起源背景，很有可能會對其策略產生某種影響。

有趣的是，我們往往可以看到企業的起源背景如何為其帶來影響。

就拿SONY和Panasonic這兩家公司來說吧！

以前，我們會看到很多文章指出SONY的高階主管必須來自電子業，但現在已經沒有人這麼說了。

SONY是由遊戲、音樂、娛樂等領域來帶動事業發展的。

若要說SONY是一家電子公司，感覺起來也的確是如此。但要我來說的話，我覺得SONY更像是一家商品帶有些許時尚感和奢華感的製造商。

SONY的創辦人盛田昭夫出生於名古屋的富裕家庭，與當時的普通家庭相比，他的童年生活中充斥著留聲機和萊卡相機等價格高昂的奢侈品。

或許是受到創辦人出身背景的影響吧，SONY推出日本第一台電晶體收音機和錄音機，並以這類稍嫌奢侈的產品起家，但這些在當時並不是家家戶戶都負擔得起的商品。

另一方面，從小就被送去當學徒的松本幸之助，則創立了松下電器公司（後來的Panasonic）。當時該公司提供的是日常生活中不可缺少的民生必需品，例如：燈泡座、燈泡和電池等等。

帶有些許奢華感和娛樂性質的SONY。

製造生活必需品的Panasonic。

我們可見，創辦人的出身背景也殘留在了企業文化之中，我覺得無論是好是壞，這些背景因素都會對企業產生影響。

多年前，SONY收購哥倫比亞電影公司之後，Panasonic（當時的公司名稱是松下電器產業）也斥資收購了環球電影公司。

當SONY進軍PlayStation遊戲機市場時；松下也進軍3DO遊戲機市場，只不過，最後松下還是選擇退出了電影和遊戲機市場。

索尼所收購的哥倫比亞電影公司後來成為索尼影業（Sony Pictures），儘管收購後一度陷入巨額虧損，但索尼沒有退出市場而是延續至今。如今他們已是好萊塢具代表性的製片廠，擁有《蜘蛛人》（*Spider Man*）等眾多熱門作品。

當我們回顧公司的起源背景時，刻印在其中的DNA就隱藏在某個地方。我們可以肯定地說，那個DNA正在驅動著某種機制。

這個道理同樣適用於個人的職業生涯。

如果拉長歷史的時間軸來觀看，將會浮現出未來職業生涯的機制。

瞬考 29

當公司陷入困境時，解開公司起源的DNA，應該能從中看到一些線索。

30

個人的職業生涯也可利用機制擬定策略

昭和時代是上班族的全盛時期；平成時代則是專業人士的時代。

然而，隨著專業人士的數量不斷增加，不管是顧問、會計師還是律師，這些職業都比以前更加普遍化了。

即便現在加入，這些領域也早已是競爭激烈的紅海。

以成為專業人士為目標當然也是不錯的選擇，但由於這個世界正透過網路互相串聯起來，資訊也越來越透明。這樣一來，工作很可能都只會集中在各領域的頂尖專家手中。

誠如前述，現在創作歌曲時，需要幾位作詞家、幾位旋律創作者、幾位器樂創作者，而這當中不可缺少的重要角色，就是從世界各地找來這些成員共同參與製作的「製作人」了。

漫畫也需要統籌繪圖和故事情節的製作人。

因此，身處在這個人與人緊密連結的時代，製作人的角色相形重要，今後可謂是**製作人的時代**。

「商業製作人」所需具備的條件就是**掌握每個人的能力和專長，並將最適合的人才聚集起來，集眾人之力實現目標**。

這就像是在一部戲劇當中，製片人的工作就是，要決定包括演員陣容、編劇和導演等人選在內的團隊陣容。

在企業裡也是如此，當執行某項專案時，有能力從公司內部和外部招募到具備最佳能力的團隊成員，並且善加運用一切人事物以實現目標，這才是企業所需要的人才。

以上就這是從半導體產業汲取經驗所導出的假說，也是可以應用在個人職業生涯的建議。

從第四章開始，將進入介紹「商業製作人」的篇章。

瞬考
30

今後將是商業製作人的時代。

第4章

瞬間思考和商業製作人

瞬考とビジネスプロデューサー

31

從ＩＴ原理探討職業生涯的策略

在開始說明「商業製作人」之前，我想要先簡單總結一下前提，也就是ＩＴ產業的演變。

畢業後我進入了當時的橫河惠普公司（以下簡稱ＹＨＰ）工作，這間公司是橫河電機和美國惠普（以下簡稱ＨＰ）的合資企業，主要從事測量儀器的開發、製造和銷售業務。

許多外資製造商在日本設立海外分公司時，通常會採取的模式是由本國負責開發，由日本分公司負責銷售和後勤支援。然而，當時的ＹＨＰ選擇直接在日本進行研發工作，其「電子零件測量事業部」在全球ＨＰ當中，堪稱是最具附加價值且利潤率很高的事業部。

此外，半導體測量儀器也是從研發、製造到銷售都由日本分公司一手包辦。對於技術人員來說，這是一間深具吸引力的公司，因為它展現以出日本製產品支援全世界高科技發展的樣貌。

但是，就在我剛進公司不久後，受到當時半導體產業景氣低迷的影響，我被分配往YHP新成立的UNIX電腦部門，而不是測量儀器的研發部門。

當時正是IBM占據大型主機（mainframe）主導地位，而HP、數位設備公司（Digital Equipment Corporation，簡稱DEC）和昇陽電腦等後起之秀開始以分散式運算與之抗衡的時候。

調動部門後，美國正在開發一款通訊軟體，用來連接電腦、形成網路並執行分散式處理，而我負責這個軟體的開發和支援工作。

雖說是「開發支援」，但實際的開發工作是在矽谷的山景城（Mountain View）

進行的，而我從未見過開發團隊的任何成員。

我的工作內容是按照手冊測試軟體，並為與公司有交情的顧客提供試用軟體的支援服務。

我也沒有參與開發工作的核心部分，幾乎都在處理雜務。

開發團隊最高層的經理是一名越南裔美國人。當我發出電子郵件詢問自己不明白之處時，總會得到精確且精練的答覆，不難看出他是一位非常聰明的工程師。

長期以來，我們都只透過電子郵件聯繫，因此直到很久之後，我才知道該位經理是和我年齡相仿的女性工程師。

只要具備工作實力，無論任何性別、國籍或年齡都能在美國企業中獲得相應的職位，這一點讓當時的我感到非常羨慕。

若以現在的講法，我當時支援的產品就是用來開發應用程式介面（ＡＰＩ）的工具套件，只是在一九九〇年代初期，應用程式介面的概念尚未普及。

我向客戶解釋說：「使用這個工具就能讓不同應用程式（APP）輕易地在程式間相互通訊。即使作業系統和硬體不同，也能輕易地將它們串接起來。」但對於許多客戶來說，大概難以理解如此迂迴的說明吧，所以產品根本賣不出去。

只有一家公司打電話要我過去介紹商品，而且在簡報之後立即決定購買。

「這個工具也太厲害了吧，我要馬上購買。請給我報價單。」

這間公司就是當時的半導體巨頭「摩托羅拉」（Motorola）。

雖然現在提到摩托羅拉，人們並不會聯想到半導體，但在英特爾稱霸之前，摩托羅拉可是電腦半導體領域的霸主。

摩托羅拉的工程師們很快就掌握了這個概念。由於他們能直接閱讀原文手冊，我的支援也顯得毫無用武之地。

結果該公司是日本唯一購買這個產品的顧客。

從工學部研究所畢業，卻無法成為研發人員，產品支援的工作也毫不起眼，對於剛剛踏入社會、初出茅廬的我來說，真的面臨相當嚴峻的情況。

不過，在一九九〇年代初期，我參與了一項簡化ＡＰＩ製作的開發支援工作，這段經歷為我後來的人生帶來了莫大助益。

時至今日、不只是工程師，我想就連顧問或經營者，對於ＡＰＩ的概念和架構也都已有所了解。但在一九九〇年代初期，擁有開發和測試ＡＰＩ工具相關經驗的顧問和經營者應該只是少數。

對我來說，能在年輕時就深入理解ＩＴ的機制，可說是一項非常強大的武器。

由於UNIX通訊軟體的開發遭遇挫折（因銷售業績不佳而裁撤整個部門），我後來被轉調到一個名為「專案中心」的系統工程師部門。

由於軟體和服務在當時被視為硬體半買半相送的附屬品，因此難以獲得合理的報酬。與ＩＢＭ、富士通、日立等公司提供的大型主機不同，UNIX系統主機的價格相對低廉（原本目的就是為了破壞大型主機的市場地位），而硬體設備的收益又不足以支撐系統工程師的成本。

在這樣的市場環境下，不僅工作時真的很閒、不用加班，部門也是換了又換，所以儘管即將邁入三十歲，我卻幾乎不曾調漲過薪資。

然而，在我的周遭，有一群非常熟悉電腦和網路的人。

一九九〇年代初期，當網路運算（Network Computing）剛開始興起時，這個部門對我來說就是一個學習的寶庫。

在工作過程中，我需要安裝新的產品、實際使用並來回調整，假使遇到不懂的地方，也可以詢問同為工程師的同事，請他們教我。

雖然他們很少閱讀手冊，但他們理解工程學的原理和原則，所以往往稍微摸索一下就能掌握產品的功能。

正好在這個時候，美國的Novell公司推出一項創新的網路作業系統，也就是

NetWare。

緊接著微軟也發布了一款可用於網路伺服器的作業系統「Windows NT」。

因此，部門內可以輕鬆共享磁碟和印表機了。

或許你很難想像，在這些系統問世之前，列印文件是一件很麻煩的事。首先你要把電腦上的文件檔儲存在磁碟片內，再使用另一台用實體傳輸線連接印表機的電腦讀取磁碟片，然後才能將這份文件列印出來。但自從有了NetWare之後，我們便能夠直接發送列印指令給網路上的印表機。

在網路上共享印表機，現在已是理所當然的事情了。

磁碟也是如此，不僅可以在自己的電腦磁碟內存檔，還可以把文件存在網路上的部門共享磁碟內。

這些在今日看來司空見慣的事，在當時卻是轟動一時的熱門話題。

如今回想起來，這就是共享經濟的濫觴。

這些在ＩＴ領域發生的事情，也會出現在人類的現實社會中。透過網路，人們串聯起各種事物，開始共享車輛、共享停車場空位，甚至租借閒置的房間。這就是共享經濟。

這就和電腦之間相互連接、共享印表機和磁碟是相同的情況。

當不同的公司攜手合作時，由於每家公司都有自己的慣例，所以彼此要先對產出（Output）做出定義——其實這與串接不同應用程式的ＡＰＩ也是相同的概念。只在公司內部就能完成的工作，今後應該會越來越少，而且工作方式應該也都會融入ＡＰＩ的元素。

除了這裡舉出的案例之外，在ＩＴ領域發生的事情，後來實際出現在現實世界中的案例還有很多。

因為很重要，所以再重申一遍——**在ＩＴ領域發生的情況，日後也將發生在人類的現實世界中**。因此，只要掌握ＩＴ領域的最新資訊，你將能在某種程度上預測今後的世界將如何變化。

在ＩＴ領域中，人們藉由共享資訊以追求效率，因此不僅是電腦，就連半導體等領域也在追求更有效率的運算。

如果人類的世界也開始走向共享資訊，今後我們應該也會追求效率，那些在ＩＴ領域發生的事情和現象，最終很有可能也會發生在人類的現實世界中。

下一節將以半導體為例說明。

瞬考 31

在ＩＴ領域中發生的情況，日後也將發生在人類的現實世界中。因此，了解ＩＴ的歷史和最新資訊，你將能夠預測今後社會之變化。

32

半導體世界中發生的事情，正逐漸反映在現實世界中

中央處理器（CPU）是個人電腦中普遍會使用到的半導體，也就是所謂的泛用型處理器，可以處理各種任務。

另一方面，根據不同用途而設計和製造專用電路的則是「特殊應用積體電路」（Application Specific Integrated Circuit, ASIC），也就是針對特定用途的IC（積體電路）。

由於ASIC是專為特定用途而製造，因此可以高速運算，但是，ASIC是一種無法用於其他用途的「專家型」半導體。

相反地，ＣＰＵ因為屬於泛用型，可以應用於各種用途。也就是所謂的「通才型」半導體。

正如你所知，隨著個人電腦的演進發展，ＣＰＵ的運算速度越來越快，若用人類世界的話語來說，ＣＰＵ正朝向「超級通才」發展，但它還得要在高速化與低功耗之間做出取捨權衡。

在一九九〇年代中期之前，有很多諮詢顧問也是屬於「不管面對哪種產業，任何領域都能提供諮詢服務」的「超級通才型」人才。

他們採取的方法就是通宵達旦地工作，不眠不休、全力以赴。

然而，自從二〇〇〇年以後，顧問工作逐漸改變為依照產業別劃分實務，各自朝向專業化發展。

這類「超級通才型」的諮詢顧問為了能夠回答各種問題，二十四小時不停地工作，與全速運轉、提高時脈頻率的高速ＣＰＵ非常相似。

不僅會發熱，還會消耗大量的能源。

圖7 CPU、DRP、ASIC的定位

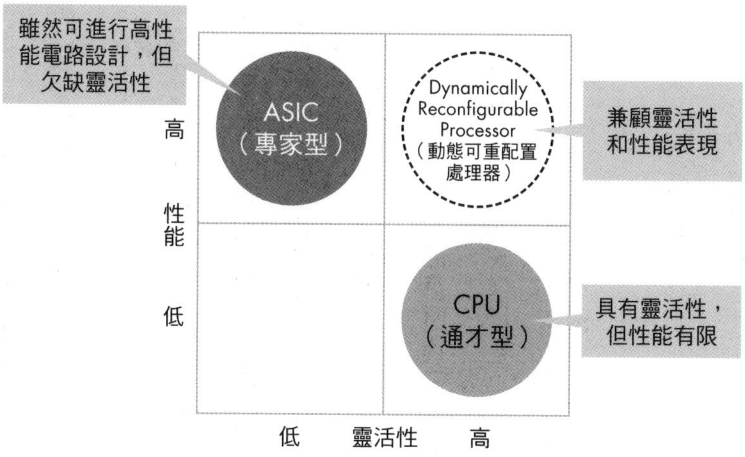

如果向他們詢問不久之前還備受關注的NFT或區塊鏈等議題，這些超級通才型的顧問們會組成專案團隊，拚命地調查、徹夜不眠地工作到眼睛充血，簡直就像是邊「發著高燒」邊調查核對帳目的工作狂。

其實在這個透過網際網路相互聯繫的時代，你只要向當領域的專家求助，就能在轉瞬間解決問題。

如今我們已經可以在社群媒體等平台上看到各行各業的頂尖人物，只要稍微調查一下，就能立即知道「這個業界的佼佼者是誰」。

不僅如此，假使是詢問ChatGPT，大約三十秒左右，它就能幫你做好歸納整理（雖然它提供的內容存在不確定性，但今後準確度應該會逐漸提高）。

在半導體領域也是如此，以CPU來說，雖然它具備通用性，但高速化之下會消耗大量的能；以專用型晶片來說，雖然速度很快，但不具備通用性。

為了解決這個問題，日本瑞薩電子公司（ルネサス エレクトロニクス株式会社）推出動態可重配置處理器（DRP），而東京計器公司則推出DAP／DNA-IM2A，也就是可動態重新配置的半導體。

簡單來說，當接收到指令時，它會將指令分成前處理和後處理兩個部分來執行運算工作——前處理就是將指令分解成多個運算單元；後處理就是只啟動必要的運算單元。

由於只啟動必要的運算單元，因此功耗較低，而且處理速度極快。

這種半導體融合了通才性和專業性的優點。至於動態可重配置半導體，早在二〇〇〇年代初期，Quicksilver Technology和日本的IPFlex等公司就已經進行了相關研發工作，算是當時的業界先驅。

我想或許未來在人類的現實世界中也會出現類似DRP的動向吧。

換句話說，當執行某項工作任務時，有人會扮演製作人的角色和專業人士合力完成工作，前者負責拆解任務、選拔出執行任務時所需要的人才，以及工作的分派和整合；後者則負責迅速完成委辦的工作。如果交由AI處理，可以更準確、更快速地產出成果，那就使用AI工具。如此一來，你就能在一瞬間完成工作了。

如果是這份工作，可交給A、B和C處理；至於那份工作，就由T、R和Z負責；剩下的部分便給AI處理——就像這樣，我們可以根據工作內容，靈活地重新配置團隊成員。

特別是在推動新的事業時，有時同一部門的成員可能未必都適合該項任務。因

圖8 商業製作人和事業人士

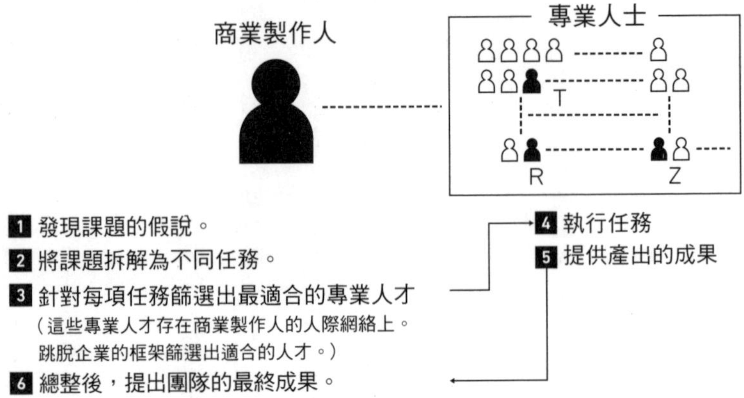
商業製作人
事業人士
T
R
Z
1 發現課題的假說。
2 將課題拆解為不同任務。
3 針對每項任務篩選出最適合的專業人才
（這些專業人才存在商業製作人的人際網絡上。
跳脫企業的框架篩選出適合的人才。）
4 執行任務
5 提供產出的成果
6 總整後，提出團隊的最終成果。

此你必須在公司內部尋找團隊成員，為組成最佳團隊篩選出適合的人才。

此外，不只在公司內部尋找合適的人才，視情況也可能需要舉辦甄選活動，也就是考慮「從外部徵才」的模式。

許多企業在投入新事業時都會花費大把時間思考要「做什麼」，但我認為他們應該要花更多時間在「篩選人才」上才是。

半導體和ＩＴ的演進是一段追求效率的歷史。

隨著網路的連接和並行處理的實現，更加速了效率化的腳步。

反觀現在，人與人之間也是透過網路在相互聯繫。

人手一支智慧型手機，將世界各地的人們透過資訊網路直接串聯起來。

既然人與人之間已經透過網路相互聯繫，那麼在半導體和ＩＴ領域所發生的情況應該也會一步一步發生在人類身上，或者更確切地說，是已經發生在人類的現實世界中了。接下來介紹的方法，或許也可成為網路時代解決問題的準則吧——

①界定課題。

②拆解課題。

③釐清解決課題所需要的能力和功能。

④尋求並備齊相關能力和功能。

⑤將這些人才和ＡＩ加以整合以解決問題。

就像這樣，以最精簡的人力，在最短的時間內做出成果並推動事業發展——就是商業製作人的工作。

我想現有的很多書籍也經常談論到與①和②有關的內容吧，但是在③之後，由於進入了「互聯世界」的時代，如今面對的情況與①和②已存在有決定性的差異。

其中尤為關鍵的是④尋求並備齊相關能力和功能。

即使你靠自己苦思冥想設法達到③，並且在④的過程中也有「委由他人解決問題」的想法，但就算知道「為了解決當前問題，應該要拜託這個人」，假使你腦海中能想到的「這個人」少得可憐，你也無力解決這個問題。

再者，即使做了調查，也找到了想要委託的人，但是你不在他的人際網絡內，對方也不太可能會接受這份工作吧？頂尖人才的工作邀約總會如雪片般飛來，因此在沒有任何門路或關係的情況下，很難讓對方接受你的請託。

接下來，我想跟你聊聊開始使用「商業製作人」這個詞彙的契機。

在ＢＣＧ工作了四年半之後，我在二〇〇〇年參與了ＤＩ公司的創立。

那時身為一名諮詢顧問的我，總算熬到能夠獨當一面。可以說是我在ＢＣＧ過得相對愉快的時候。二〇〇〇年四月，當時擔任日本ＢＣＧ負責人的堀紘一先生，決定離職並設立一家新公司。

雖然這在ＢＣＧ內引起了軒然大波，但歷經一番波折之後，我也決定加入ＤＩ公司。

在我參與設立ＤＩ公司的過程中，我不再將專業人士稱呼為「顧問」。

我認為拆解客戶需求、了解市場上有哪些人具備哪些能力，並提供最適合的人才和經營資源，這樣不僅速度更快也更省力。

此外，在從事新的工作時，即使定義出需要具備的能力並尋求合作夥伴，但實際情況卻往往是沒有進展，令人備感艱辛。

就算自己幹勁十足，但對方未必處在熱機備援狀態。

如果平時不了解各種企業的狀況，你不會知道對方是否願意接受你的提議。

開始投入新的工作時，你需要具備的能力是「能尋找最合適的人才，將最合適的夥伴聚集起來」。因此我在創業不久後的二〇〇〇年六月時，將這項職務命名為「商業製作人」。這個名稱是一個純「和製英語」[1]。

雖然現在已經越來越常看到「商業製作人」這個詞彙，不過說起來可能是我那時的觀點過於超前了。

想要實行商業製作人的工作方式，重要的是保持**廣闊的視野**和**廣泛的知識**，了解什麼人具備何種能力、擅長什麼領域。

儘管這只是出於我的假設，但如果對於全球有什麼人才、具備何種能力、能做到什麼事情都瞭若指掌，相信一定能大幅縮短解決問題的時間，而且你所提出的解決方案也能達到非常高的水準。

將視野擴大到全球範圍，或許聽起來像是遙不可及的理想主義，但即便如此，培養拓展視野的習慣並持之以恆，這件事仍然具有意義。

就拿ＢＴＳ的例子來說，他們便將世界各地的頂尖創作者聚集起來創作歌曲。所以這個做法並不是沒有先例，這是有可能達到的境界。

在大多數情況下，人們不會把視野擴大到這種程度，而是容易侷限在「是否能用自己部門內的幾名部屬、找半徑三公尺內的人來做點什麼事」這種想法中。

但我認為，我們不必用侷限的觀點思考，可以暫時先不去考慮實現的可能性，有意識地擴寬視野，並思考運用公司的全部資源可以達成什麼事情——除了現有的員工，還包括已經離職的前員工和合作夥伴等等。如果能將這世上所有資源都囊括在內一併思考，應該就有機會創造出既有趣又對社會有益的新事業了。

然而，這並不是一件想要做就一蹴可幾的事情。

了解「有什麼人具備何種能力、擅長什麼領域」固然很重要，但同樣重要的是

1 編註：用英語單字創造出來的日本詞語，使用方法未必與原英文單字相同。

培養「聞一查十」的習慣。

而唯一的方法就是堅持這些習慣一年、十年、二十年……，踏踏實實地持之以恆做下去。

這件事沒有特效藥。

瞬考
32

身處在網路時代，獲勝者將是會採取DRP型戰鬥方式的人才。

33 專業人士和商業製作人

隨著人工智慧的進化，今後採取商業製作人思維工作的方式將變得更為普遍。我自己也是採用這種方式工作的。

就像DRP這種半導體會把指令分解成許多運算單元，而且只啟動必要的運算單元一樣，商業製作人也會在達成目標的大前提下，只動用必要的專業人才來推動業務。

如此一來，在各行各業和各種領域中，只有少數的頂尖專家會受到青睞，而「其餘」的專業人士可能就像隨時可被取代的跑龍套小演員一樣，坐在大休息室的座位上乾等。

在半吊子實力的情況下，既不知道何時才有登台機會，就算上了舞台，也可能被當成廉價勞工隨意使喚。

當然，每個人都有自己的志向，雖然以成為頂尖專家為目標很好，但就職涯策略來說，我認為其中存在有待考慮的空間，而且想實現這個目標也必須付出相對的努力。

身處在瞬息萬變的時代，今日的專業領域，到了明日可能就面臨消失的風險，被ＡＩ取代的可能性也與日俱增。

因為有先前提出的背景因素，所以我提出「商業製作人」這樣的工作方式，不過，突然轉換跑道，選擇成為需要選拔人才的商業製作人，其實是一項難如登天的挑戰。

如果你是那種從學生時期就開始經營創業家網絡的異次元人才，那還另當別論，否則就現實面來說，幾乎所有人都是以成為專家為目標——而想成為專家的起點就是，要滿足專業人士的最低標準。

如果達不到成為專業人士的最低標準要求，沒人會聽你的意見。雖然我正擔任商業製作人這個角色，但我認為這也是因為自己已經先成為了一名專業的諮詢顧問，身旁的人才會願意聆聽我的建議。

在你達到專業人士最低標準之後，不妨思考是要繼續待在這個領域中，以成為專業人士中的佼佼者為目標呢？還是轉換跑道，以成為商業製作人為目標（當然，也可以根據實際情況分別扮演專家和商業製作人）？

話說回來，這個專業人士的最低標準就是**「即使把工作全部丟給你處理，你也能拿出成果」**。

若用更具體的講法，就是只要設定好目標，就算後面的過程中沒有人催促或確認工作情況，也能確實交出成果並符合專業標準的人。

就拿諮詢顧問來說吧，在對方提出諸如：「請用這個主題找出可以獲利的項目」、「請從新事業的主題中找到可行的項目」等課題時，能夠確實交出成果的人，就是符合了「最低標準」這個必要條件。

如果身為專業人士卻缺乏信譽，那麼對方就會在執行專案的過程中，不斷確認你的工作進度，或是產出的品質。反過來說，在設定目標後，中途還出現對方不停插手干預的情形，就代表他還沒把你視為專業人士。

「是不是專業人士」與職位的高低毫無關係。不妨在你經手的工作當中，先將目標設定為「即使把工作全部丟給自己處理，也能主動拿出成果」吧！

在讀者當中，或許也有剛剛步入職場的社會新鮮人。

我認為要達到「全權處理並做出成果」的狀態，需要付出相對的努力和時間，所以相信你在這段過程中肯定會遭遇各種難關。

有時，你可能會陷入「或許自己無法勝任這份工作……」的窘境，而此時的首要任務，就是**發出警報**。

請儘早告訴對方：「因為〇〇原因，我覺得這份工作很困難。」因為只有在收到你的報告後，商業製作人才能及時採取因應措施，比起在期限快截止前才得知工作未能完成，你的及時告知會更「令人感激」。

能否做到及時溝通，這件事也牽涉到彼此的信任關係，因此如果發生這種情況，請你盡快發出警報。

但是，我希望你也能注意一點，上述內容想表達的並不是「就算無法勝任工作也沒關係」。

儘管在那個當下無法勝任工作是無可奈何的事，但一個人的態度會將未來分歧為「選擇放棄的人」和「設法努力、不放棄的人」。

一路走來我曾見過各式各樣的人。即使在某個時間點，兩人的實力不相上下，甚至「設法努力不放棄」的人實力更差；但隨著時間的推移，不放棄的那個人一定會持續累積自身實力，總有一天超越對方。

毫無例外。

雖然這個說法更偏向精神層面，但對於既實力不足也還沒有人脈，一無所有卻立志成為專家的年輕人來說，這是必要的態度。

瞬考 33

專業人士的最低標準就是「即使全權處理也能拿出成果」。

34

如何成為頂尖專家？

想必有些讀者對於自己的方向仍感到困惑，心想：「我應該以哪個領域的專家為目標呢？」

首先，如果你的目標是成為專業領域的頂尖好手，就結論來說，唯一的答案就是**「做自己喜歡的事情」**。

在各行各業當中，人人都是覺得自己對某個領域有興趣，然後選擇了那個行業，日復一日在該領域磨練自己、提升實力。

如果你不是「熱愛自己所做的事情」，想要從人群中脫穎而出應該相當困難。

缺乏熱情是無法堅持下去的。

除了「喜愛的事情」之外，**「志向」**也很重要。

既然想要躋身上位，以成為專業領域的佼佼者為目標，擁有志向就比任何事都更重要。比方說：「無論如何都想拍攝這部電影」、「如果這項新事業能夠成功，用戶的生活應該會更加便利，所以我想實現」等等，這樣的想法就是所謂「志向」。

經營事業也是如此，「經營者心懷志向」也很重要，到目前為止，我承接過許多新事業的諮詢工作。我從中發現，缺乏志向的新事業，幾乎都以失敗收場。

在大型企業中，即使總經理命令員工去開拓新事業、委託顧問公司提供建議，但如果沒有人想做（也就是缺乏志向），就算是耗費鉅資和大量時間，最後也難逃以失敗告終的下場。

想要成功開拓新事業，大前提就是**要把任務交給有意願的人**（不過遺憾的是，那些能夠成功推動新事業的優秀人才可能無法適應公司的組織文化，他們多半會選擇脫離公司創業，靠自己的力量成為成功的創業家）。

就經營事業而言，沒有比志向更重要的經營資源了。

相同的道理，一個以專家為目標的人在尋找專業領域時，投入自己「喜愛的事情」、「認為是自己想做的事情」也很重要。

不過，也還有一些值得注意的重點——

①你要進入的市場是否正在成長？

②競爭對手是否偏弱，自己是否有望成為業界佼佼者？

③累積經驗是否具有優勢，後面進入市場的競爭者是否會因缺乏經驗而失利？

想必很多讀者對於①「這個市場是否正在成長」這個條件應該不陌生。如果市場處於成長階段，新加入的企業或位在底層的企業還能在這個領域生存下去；如果市場停止成長，那麼進入市場的空間將會受限。

如果是市場沒有成長甚至正在衰退的產業，市場需求在未來可能完全消失。以這種領域的專業人士為目標，沒有任何好處可言。

至於②「競爭對手是否偏弱，自己是否有望成為業界佼佼者？」可以參考我在DI公司時決定投資i-Pet產險（以寵物為對象的保險公司）的下面案例。

當時，周遭的人對於我們這個決定感到相當擔憂，認為「怎麼會投資這種公司呢……」，但在我們看來卻是勝券在握的決定。

在那個時候，寵物保險業的競爭企業數量非常少，也不是有強大的競爭對手占據主導地位的行業。

在昭和時代，也許有很多家庭是把寵物養在戶外的，但如今寵物已經不再單純只是寵物，而是被視為「無可取代的夥伴」、「家裡的一分子」般的存在。而且與少子化的趨勢相反，寵物數量急速增加中。

這麼一來，為了重要的家庭成員著想，人們考慮購買寵物保險的機會應該會越來越多。

正是這種假設促使我們決定投資這項事業。

然而，同樣是「保險」，人壽保險又另當別論了。人口減少是一個迫在眉睫的課題，很顯然的是，這種情況也代表以「人」為對象的壽險市場將逐漸萎縮。而且日本市場上早已有很多競爭對手，例如：日本生命保險、住友生命保險等公司。

我認為進入這種市場就絕非明智之舉。

雖然我用公司案例說明，但這樣的觀點也能套用在個人職涯規劃上。你必須尋找一個「競爭對手偏弱，自己有望成為業界佼佼者」的市場。當然，最好是與自己「喜愛的事情」、「想要做的事情」有關。

關於③「累積經驗是否具有優勢，後面進入市場的競爭者是否會因缺乏經驗而失利」，就以顧問業為例來說明吧！

在日本應屆畢業生的就業排行榜和轉職市場中，顧問業是頗受歡迎的職業。

雖說已經朝向「白企業」（良心企業）發展，但由於工作內容仍然相當辛苦，因此入行後可以在短時間內累積到相當豐富的經驗。此外，與其他行業的職位相比，顧問業在年輕時就能有較高的薪資水準。由於許多顧問公司都有內部晉升制度，只要具備實力，不管什麼年紀都有升遷機會，也因此深受有上進心的學生和社會人士的青睞。

在顧問業當中，有策略顧問、IT顧問等不同的類別，如果選擇成為諮詢顧問，建議最好保有一個觀點：「自己的領域是否會讓後來進入的競爭對手陷入競爭劣勢？」

舉例來說，如果是策略顧問，每經歷一個專案項目，都能累積技能、知識和人脈，因此擁有豐富經驗的顧問，比較容易發揮影響力。

然而，如果成為技術顧問，由於科技日新月異，只學習表面的技術恐怕無法累積經驗，因此能夠靈活應對新技術的年輕人可能更具優勢。

換句話說，這個觀點就是**「是否越早進入越有利」**。

在考慮這些因素的同時，也必須一併考慮自己的定位。因為定位與差異化和競爭優勢息息相關。

順道一提，如果你已經是某個領域的頂尖專家，對你來說，差異化就不是最重要的事項。此外，在市場景氣正好且規模不斷擴大時，任何企業都能生存下去，因此即使不做出差異化，也能做到勉強還能溫飽的程度。

在市場擴大期的階段，就算是實力較差的企業也有生存空間。

然而，頂尖人才的數量畢竟很少，而且在這個時代，經濟普遍不景氣，如果無法透過差異化建立自身的競爭優勢，恐怕將無法存活下去。

在這種情況下，首先必須考慮清楚的是——自己是否能夠在該領域占有一席之地、目前處於什麼位置，以及應該取得哪個位置？

演藝圈表面上看起來是充滿歡樂、光鮮亮麗的世界，但是，在舞台的背後卻是一場又一場比才能、爭位置的激烈戰鬥。

在定位策略方面，有一位值得參考的人物，那就是島田紳助。他先是以「紳助・龍介」的身分在漫才界占有一席之地，而後又在主持人的領域中奠定了不可動搖的地位。他從漫才師轉型為主持人的這段過程很值得學習。

島田紳助藉由分析自己的定位，判斷自己「在漫才領域中，無法勝過ＡＬＬ阪神・巨人、明石家秋刀魚和DOWN TOWN[2]」，於是經過多方面的研究後，他提出了一個假說：「如果在主持人這個位置上，或許我就能做出差強人意的成果吧！」我記得曾看過他在採訪節目中如此說道。最終這個假說得到驗證，他之所以能夠取得這個位置，可能是因為他先仔細地做了以下的分析和研究——

—掌握在自己的領域中有哪些競爭對手。

—明確掌握自己的定位。

—在這個基礎上，尋找自己可以取得主導地位的領域。

「主持人」的競爭對手，包括了任職於電視台的「台內播報員」，或者不隸屬於任何電視台的「自由播報員」。除非對方是非常有名的主播，否則島田紳助的知名度可說取得了壓倒性的絕對勝利。一旦比較知名度，競爭對手就相對較弱，這就是他可能脫穎而出的領域。

此外，擔任節目主持人時，他所累積的豐富經驗也能派上用場。他經常擔任政治經濟類節目的主持人，這類節目不僅事前要做很多功課，在節目中也能接收到剛出爐熱騰騰的第一手資訊。

而且，參加節目演出的一流人士本身就是資訊來源，所以他總能夠獲得優質的第一手資訊。

如此一來，不僅他本身的知識逐漸增加，認識的朋友也漸漸增多，因此虛擬知識網絡也隨之擴大。無論是事前準備或第一手資訊，都逐漸累積並成為了島田紳助

---

2 編註：日本的搞笑雙人組，由濱田雅功與松本人志組成。

的知識養分。

這樣一來，「台內播報員」或「自由播報員」應該很難趕上他，即使放在「諧星」的框架下來看，他也明顯與他人不同。

雖然他是一個毀譽參半、備受爭議的人物，但在擬定「如何成為專家」的策略方面，確實有許多值得學習的地方。

或許也有搞笑藝人虎視眈眈地覬覦這個位置吧！

島田紳助退出演藝圈後，新一代的搞笑藝人陸續加入「諧星×主持人」這塊突然空出來的市場。現在也有很多由諧星擔任主持人的節目，他們為了爭奪位置還展開了激烈的競爭。

需要爭奪位置的人不只有諧星，歌手也是相同的情況。浜崎步曾經坐上「天后」寶座，但不知何故，有段時間她也開始在舞曲方面投注心力。就在她轉移陣地的期間，西野加奈順勢占據了她的寶座。

一旦失去本來的位置，就很難再奪回來。

同樣地，如果商業人士未能在自己的領域占有一席之地，那麼自己的地盤就可能會被競爭對手搶走。

瞬考
34

在思考要以哪個專業領域為目標時，除了自身「喜好」的觀點之外，重要的是分析以下三點，並且依分析結果擬定明確的定位策略：①你要進入的市場是否正在成長？②競爭對手是否偏弱，自己是否有望成為業界佼佼者？③累積經驗是否具有優勢，後來進入市場的競爭者是否會因缺乏經驗而失利？

35 商業製作人必須洞察人類的行為特性

然而，在這個瞬息萬變的時代，只以專家為目標的職業生涯將伴隨著一定的風險。在市場不斷變化之下，自己所屬產業的市場需求很可能突然大幅減少。

此外，由於商業製作人採取的做法是「在達成目標的大前提下，只動用必要的專業人才來推動業務」，所以當這種工作方式成為主流時，「被選中的人」數量應該會越來越少。

換句話說，如果沒有在產業和職務種類之中位居前列，恐怕雀屏中選的機會也將越來越少。

與此同時，隨著人工智慧的發展，專業人才本身也很可能面臨被ＡＩ取代掉的可能性。

ChatGPT等生成式ＡＩ的出現，有可能搶走許多白領階級的工作。例如：律師、會計師、諮詢顧問和程式設計師等等，這些曾經被視為炙手可熱的職業，推測將有很大一部分被ＡＩ取代。

另外像是「附加元件」和「外掛程式」等擴充功能也不斷增加，使得工作越來越有效率。

如今在遠端虛擬會議中，已可以直接由ＡＩ整理會議記錄，大幅限縮了公司菜鳥繕打或撰寫會議紀錄的作用；就算是耗費時間的文書工作，也能透過ＡＩ瞬間將手寫筆記轉換為精美的PowerPoint；甚至具有高度創意的圖像也能由ＡＩ生成。

在專業公司中，由資歷尚淺的員工所負責的大部分工作，都有被ＡＩ取代的風險。此外，那些過去業績良好、又雇用了大量創作者的行業，應該也會考慮「是否還需要雇用這麼多人」。

另一方面，像出版業和音樂產業這種長年因書籍、ＣＤ滯銷而慘澹經營，從業人數早已逐漸縮減的產業，隨著數位化的發展，也會存在以精簡人力換取高收益的企業。

這些企業以自身強健的企業體質為基礎，透過運用ＡＩ，可以更有效率地經營事業。

正因為如此，在鞏固自己身為專家的地位後，最好開始學習**「握有選擇權的一方」**——也就是商業製作人的思維和作戰方式。

首先，商業製作人必須判斷合作對象「是否屬於把工作全權交付，也能做出成果的人」。

雖說「全權交付」難免給人一種不負責任的感覺，但實際上並非如此。畢竟專案如何終究還是得由商業製作人承擔最終責任，因此交由他人「全權負責」其實是冒著很大的風險。

正因為如此，在挑選人才時，商業製作人必須要選擇絕對值得信賴的人，然後才將工作交給他處理。

正因為信任專業人士，所以才能全權交付（然而，將工作交給他們之前，商業製作人必須很清楚他們的能力、資質、人格特質，並很好地分解工作，以便他們能夠完成任務——這在商業製作人的技能中屬於相當高階的技術。）

對於合作的專業人士，商業製作人亦需具備判斷能力，評估該人「是否值得信賴？」、「是否無論如何都能堅持完成工作？」即使將工作交給了對方，在開始進行後，也得要掌握每位工作負責人的行為特徵，同時推動專案進度。

此外，商業製作人還需要具備統籌全局的俯瞰力，例如：考慮到突發事件的情況，事先想好隨時可以遞補的備案人選等等。

在戲劇和電影的世界中，演員經常遭到導演嚴厲斥責。也因為這樣的環境，有時到了拍攝後期，演員會覺得再也無法忍受了，索性不來拍攝。

當然片場中也會有即使導演不斷斥責，依舊堅持完成工作的演員。

製作人要觀察所有人的行為特徵，也就是帶著「全局觀」（Overall Viewpoint）來進行拍攝。

商業製作人正需具備相同的能力。

瞬考
35

在成為專家並確保一定的地位後，就要學習商業製作人的作戰方式。

商業製作人需要具備洞察人格特質的能力。

36

商業製作人是凝聚「信任」的職業

匯集不同領域的專業人士，將他們整合起來推動工作的人，就是商業製作人。

這一切的起點就是**「信任」**。

新事業往往是建立在「信任」基礎上的，有了信任，方可推動事物。

如果缺乏信任，事情絕對不會有任何進展。

這就是我身為策略顧問和商業製作人，從過去數十年的工作之中親身體會到的真理。

雖然介紹實際案例可能更有助於你理解我的工作，但由於參與工作的人員眾多，而且亦牽涉到廣泛的保密義務問題，所以我無法在書中公開案例內容，在此深表歉意。

不過，完全沒有案例，我想讀者可能難以理解這份工作實際上是如何進行的，因此，接下來我將介紹一個實際案例。

這是我們在為四國地區高等專門學校[3]的學生建立獎學金制度時的一段軼事。在說明的過程中，我希望能夠讓你從中了解到「信任」是如何推動工作，進而實現目標的。

當學生們從國中畢業進入高專就讀，就要在五年內全心全意地鑽研工程科學等學問。

那些進入普通高中、透過大學入學考試升上大學的人，通常會在大學三年級的時候碰上高專出身的學生。扎扎實實地學習了五年的高專學生，與那些熬過大學考試後就沉迷玩樂、荒廢學業的大學生相比，兩者之間存在著明顯的實力差距。

首先，他們從國中時就下定決心「要專心學習這門學問」，因此從心態到鍛鍊方法都與大學生有著懸殊的差距。甚至連研究所考試，有時也會出現學生全都來自高專的情況。

另外，我在人生中的第一家公司YHP工作時，也曾有一位極為優秀的前輩，就是四國高專的校友。

儘管培育出這麼多優秀的人才，但由於家庭經濟狀況等不得已的原因，也有很多人在高專畢業後就被迫直接出社會就業。

或許是看中了這一點吧，那時有消息傳出軟銀和Mercari等公司，要為高專的學生設立獎學金制度。

我心想：「聰明的人就是會著眼於造福社會的好處」，接著又轉念一想：「如果要設立高專的獎學金制度，選擇四國不就好了？」

---

3 譯註：類似台灣的五專，以下簡稱「高專」。

要從四國前往有很多大學的關東地區或關西地區，學生必須離開四國並住進宿舍獨自生活。當然，除了學費外，還得支付房租等費用。

我曾在高專學生的機器人大賽上，看到四國高專生的實力非常堅強。我覺得其中有無數學生應該能在國內外嶄露頭角。未來前途光明的學生卻要因經濟因素導致發展的選擇受限，這實在是一件非常可惜的事情。

總之那個畫面一直留在我的腦海中，於是乎我就有了「在四國設立獎學金制度應該也不錯」的想法。

那麼，接下來就要運用到打造新事業的思維了。

儘管實際設立獎學金制度的人是我在ＤＩ公司工作時的同事A先生，但他如果突然跑到四國的學校，張口就說：「我認為最好設立獎學金制度！」肯定會遭到對方懷疑。畢竟**獲得他人信任是需要時間的**。

因此首先，我們必須去尋找建立信任的關係（連結點）。如果能遇到「對的人」

（Right person），事情就能立即啟動。

此時應該優先考慮的是：「誰能做什麼，誰擅長什麼？」

在翻遍各種記憶後，我想起了同樣曾在ＤＩ公司工作的Ｂ先生。

這位從大型電信業轉職到ＤＩ公司的人物，當時早已離開ＤＩ公司，改為從事人資領域的工作。

說起來，我曾經聽他聊過自己的老家，於是突然想起他父親曾在香川縣當高中老師的事情。

接著，我直覺地閃過一個念頭：「他應該在教育界擁有一定的信任度。」

於是我聯絡了Ｂ先生的父親，也透過他的介紹找到相關人員。

然後事情突然發展得出奇快速，幾乎很快就實現了目標。

這都是因為Ｂ先生的父親在四國教育界頗受信任，才得以實現。

此外，在達成這個目標之前，我和同事Ａ先生之間的信任，我和Ｂ先生之間的信任，以及A先生和B先生之間的信任，也很重要。正因為我們相互建立起信任關係，這個計畫才能順利實行（A先生和B先生曾在校友會的高爾夫比賽中見過幾次面）。

以上就是以信任為起點，並順利創造出新事業的例子。

雖然這裡所介紹的案例是獎學金制度，但無論是顧問業、娛樂業還是媒體業，在各行各業中，打造新事業的基本動作都是相同的。

信任是商業活動的起點。

瞬考 36

信任就是一切。

37

信任、介紹和打造新事業

談到打造新事業的話題，就不得不提到「介紹」。

由於職業性質的關係，我經歷過許多介紹他人、被他人介紹，以及被拜託介紹某個人的情況。然而，**介紹總是潛藏著風險**。比方說，在介紹他人的時候，可能會伴隨著信用受損的風險。

在經歷過了慘痛的失敗經驗後，現在的我就只願意介紹自己確信真的值得信任的人。

絕對不會在不知道對方是哪種人的情況下就輕易介紹給他人。

因為確實可能會發生某些處理不當的失誤，導致自己的信用掃地。

「信任至關重要」或許聽起來像是平淡無奇的建議，但卻確確實實是打造新事業的起點，也是一切的基礎。

這是建構人際網絡的基石。

人際網絡的規模就是一種附加價值，如果做了破壞信任的事，等於在傷害自己的附加價值。

近來，媒體也開始報導創業投資。

所謂創業投資的工作內容，簡單來說，就是將資金投資在需要資金的新創公司上，以協助該企業成長，並獲得該公司股份為回報。其本質其實就是提供值得信賴的人際網絡，這正是創業投資所能提供的重要價值。

如果只是提供資金，從創業者的立場來看，可能還有許多其他選擇。

但不論是其他交易夥伴、其他投資人、管理階層人才等等，創投公司都能透過各種網絡為新創企業提供所需的經營資源。

而這些透過自己的人際網絡介紹出去的資源，品質如何、數量多寡和可信任度，就端賴創投公司或創投家的實力。

我想這麼說明後，你應該就能明白「介紹」擁有多麼強大的力量了吧？

瞬考
37

透過自己建構的人際網絡，進行介紹的能力也是商業製作人的附加價值之一。

38

建立信任的方法和瞬間思考

那麼，該如何做才能產生信任感呢？

信任來自**「全力以赴」**。

特別是年輕的時候，你能為客戶提供的，就只有全力以赴。

對於客戶來說，年輕人為工作拚命努力所付出的能量，會轉化為客戶的感謝之情，而這份心情又會接著轉化為信任。

舉例來說，如果在工作中你的付出超過顧客所支付的費用，讓對方覺得你物超所值，那麼你付出的心力就會產生某種凝聚力。

相反地，如果你的心態是有多少錢就做多少事，那麼報酬和工作也會在作用力和反作用力中互相抵銷，就像形成關聯性不強的鬆耦合[4]般，雙方的關係就在銀貨兩訖中結束。

我認為，應該卯足全力拚命工作，即使最後遭遇失敗也沒關係。只要努力去做，只要能從過程中學習，就能夠建立起信任關係。更確切地說，**在建立信任感時，與成功或失敗並沒有太大關聯**。

既然要開門做生意，那當然應該追求成功，以成功為目標而努力。但即便遭遇了失敗，就算忍受多少苦楚，直到最後一刻都還在奮力掙扎，這才是真正有意義的事情。

然而，如果背叛了他人的信任，就會讓對方一下子失去對你的信任。即便雙方沒有簽署正式的商業文件，違背承諾也同樣會破壞信任感。

4 編註：Loosely-Coupled，指一種可以自給自足的程式模組，能隨時加入系統或從系統中移除，不會對系統造成太大的影響。

所謂的全力以赴就是這樣的意思。

要秉持著這種工作態度，去贏得客戶的信任。

透過建立起彼此的信任關係，能將那位客戶過往人生中細心累積的技能、經驗和人脈都化為「虛擬知識網絡」。

如果在十年、二十年或三十年的時間內都堅持這樣的工作方式，你就能累積出難以被輕易超越的經驗和成績。

我在第二章開頭所提到瞬間思考的重點，如何「自行提出敏銳而鋒利的假說」，如下所示——

①我們所需的假說就是絞盡腦汁想出「對方不知道，但應該知道的事」。

②為了建立假說，必須探究事件和現象發生的機制。在探究機制的過程中，需要意識到「歷史（橫軸）」、「產業知識（縱軸）」以及引起事件或現象的「背景」。

③將導出的假說視為「機制」儲存在大腦中，並利用機制進行類比。
④案例的輸入量決定了導出假說的速度和精確度。
⑤能夠提出假說的人並不是「聞一知十」的人，而是「聞一查十」的人。
⑥在任何情境中都要意識到經驗曲線。

而當你身為商業製作人也已達到一定程度時，可以再追加一項重點——

⑦充分利用虛擬知識網絡。

在立志成為商業製作人的過程中，竭盡全力培養虛擬知識網絡，換句話說，要背負著知識的汪洋大海，同時結合自己所培養出的思考力。

若能全面啟動自己的大腦、虛擬知識網絡和人工智慧，最後就能在一瞬間迸發出假說。

這就是瞬間思考。
運用這個方式推動業務，
改變世界。
這才是商業製作人。

瞬考
38

啟動包括自己的大腦和虛擬知識網絡在內的所有資源，
你就能瞬間迸發出假說。

39

立志成為商業製作人，從今天開始就能做的事

累積信任並為此竭盡全力工作，這是任何人都能從今天就開始著手，而且只要想做就能做到的事情。

在平時的工作當中，只要認真地將你能做的事、應該做的事，以及值得去做的事提供給客戶，信任就會由此萌芽。

在ＤＩ公司工作時，我曾經提過「結識百位總經理的方法」。當時有一位年輕員工Ｔ先生，擁有著非常敏銳的分析能力。

不過，因為他很年輕，所以不曾與經營高層見過面。

我告訴他：「你何不利用自己的分析能力，將在MOTHERS（現在是成長市場的一部分）上市的新創公司所公布的財務報表，試著全部分析一遍，如何呢？順便對這些公司的競爭對手進行全面分析，然後將分析出來的假說整理成資料，帶著這份資料去拜訪總經理」。

我曾經給過的建議，包括「或許起初他們不願意見面，但過了一段時間後，一旦開始有人相信你的分析能力，應該就會出現願意見面的經營者了」、「只要有一家公司的總經理願意見面，必然會有第二家，日積月累之下，應該有望達到一百家」、「如果你能見到一百位總經理，取得他們的聯繫方式，並且建立起能夠直接打電話溝通的關係，不只會與其他諮詢顧問有極大的差異，這些經驗應該也會成為你的財富」。

我不知道他是否已達到能和一百位經營者以電話溝通的程度，但他坦率地接受了我的建議並付諸實踐。據傳他目前活躍於基金業。

由於他是擅長分析的諮詢顧問，所以應該也是以此為基礎與他人建立起信任關係的。

無論是誰，在自己工作中應該都有「喜愛的事」、「擅長的事」，即使沒有這兩項，至少也該有「能做到的事」和「應該做的事」。

竭盡全力為顧客提供這些服務，就是成為商業製作人的第一步。

你付出的努力會為彼此建立起信任關係，而信任就是人際網絡的起點。

此外，你應該保有以下的觀點以維持贏得信任的人際網絡。

也就是，**不要把工作只當成工作看待**的態度。

就拿顧問業來說吧，因為專案都有固定的作業期間，如果沒有事先意識到這一點，大多數的情況都是隨著專案結案，雙方的關係也就此結束。

為了避免這種情況發生，必須讓對方覺得「和這個人在一起，不知為何還蠻有意思的」。

不是為了工作才勉強往來的枯燥關係，而是也具備了讓對方產生興趣的個人特質，諸如「跟這個人在一起似乎會發生有趣的事」，或者「他好像可以告訴我一些我不知道的事」。我想這些就是建立長期人際關係的開端吧！

回顧自己的人生，我發現能和自己往來多年的朋友，通常都是讓我覺得「為什麼會有這種想法」、「虧他能想出這種點子」的人。

在商務場合上，與經營者談論的都是工作的事情，但若想與他們建立長期的人際關係，你也必須和他們閒話家常，聊一些工作以外的話題。

因為經營者一天到晚都在思考工作的事、聽他人報告事情，所以在工作以外的時間，他們更想要聊點別的。

雖說如此，沒頭沒腦地突然聊起高爾夫球之類的話題，又讓人覺得掃興。

其實這個部分也與先前曾提及「對方應知而未知」的矩陣有關。

想辦法找出經營者「不知道，但應該知道的事」，讓對方認為：「這傢伙知道我不知道的事。為何他會知道那些我不知道的事？雖然搞不清楚，但總之是個有趣的傢伙。」如果能夠在對方心中塑造出這樣的形象，你就有可能拓展與他們的人際關係了。

瞬考 39

以盡職盡責的態度面對眼前的工作，建立起信任關係，並以信任作為人際網絡的起點。

40

商業製作人的整合力

當建立起人際網絡後，接下來就是要整合各領域的專家來共同推動專案。

每位專業人才都是站在各領域最前線，經過激烈競爭後脫穎而出的頂尖專家。

因此，要「打動」他們是極為困難的任務。

想要整合這些專業人才，需要具備如馴獸師般的能力。

首先，為了實現專案目標，不但需要具備將適合的人放到適當位置的設計力，

同時也需具備驅動這些專業人才的技巧。

這些能力的基礎就是經常思考「對方不知道，但應該知道的事情」。

這就是專案管理唯一的重點，因為已經反覆出現好幾次了，所以我相信大家應

該也記住了。

當我在進行諮詢專案時，對於「部屬A先生知道什麼、不知道什麼」、「B先生知道什麼、不知道什麼」……這些細節都會全盤掌控。

要經常思考手邊已經掌握的資訊，例如「什麼人知道什麼事、不知道什麼事」，並在整合專家的同時藉此推動專案。

如果接收到「A先生最好也要知道」的資訊，就將資訊傳達給A先生。而之所以能夠將這些資訊「傳達給A先生」，正是因為了解「A先生知道什麼、不知道什麼」，才能夠做到。

此外，沒必要去傳達「A先生已經知道的事」和「A先生不知道也無妨的事」，因為即使不共享這些資訊，專案管理也能夠順利進行。

在專案的團隊成員中，有團隊成員A先生、B先生、C先生和客戶D先生、E先生、F先生……，只要在面對參與專案的全體成員時，常意識到「對方不知道，但應該知道的事情」，幾乎所有專案都能順利完成。

思考「對方不知道的，但應該知道的事情」這個過程，是從開始創造事業的階段，一直到實現專案目標為止——全程都必須意識到這件事。

如果能夠自然而然地在任何時候、任何地點、任何人面前都能做到這一點，就算是能獨當一面的商業製作人了。

瞬考
40

思考「對方不知道，但應該知道的事情」，也有助於專案管理。

41

結合眾人的信任，邁向更遠的地方

剛成為顧問的時候，我對銷售一無所知也毫無經驗，更別說是經營管理了。都是多虧了周遭人的協助，我才得以走到現在。

坦白說，日本目前正處於前途多舛的情況。由於少子化和高齡化，伴隨而來的是勞動力和消費者的減少，導致經濟萎縮、社會保障的支出不斷增加。就算認真工作獲得加薪，在前方等待你的卻是累進稅制。現況就是一切都陷入在負面循環中打轉，目前看來似乎還找不到能夠解決這個現實問題的人。

諮詢顧問這個職業在日本應屆畢業生和轉職排行榜中名列前茅，也有越來越多人對於那些任由「不工作的大人」橫行的公司失去信心，進而決定趁早跳槽。我想確切感受到時代氛圍的商務人士，在內心當中都帶有這種迫切的意識，也就是認為「為了能夠成功獨立，必須盡快掌握適用於任何地方的技能和生存能力」。

大家的內心都感受到這種迫切感。

但是，卻不知道自己具體應該做些什麼。

不知道應該學習哪種技能。

不知道「自己應該做什麼」。

正因為不知道，所以感到焦慮。

我想這樣的人可能很多吧？

在本書當中，介紹了可快速提出假說的「瞬間思考」，以及透過日常努力建立人際網絡，並以此為基礎推動事業的「商業製作人」。

正如我到目前為止所說明的那樣，不是僅憑一己之力就能引導出假說。

當然要使用自己的大腦，但也要全面動員由自己建立的虛擬知識網絡，才能夠提出假說。

只要你認真地、確實地實踐本書的內容，雖然一開始速度緩慢，但隨著時間推移，你的實力會不斷累積。

經常思考「對方不知道，但應該知道的事情」，透過「聞一查十」增加輸入的資訊量，為你遇到的人提供價值，在認真工作的過程中，一點一滴地增加「信任的連結點」。

每一次的付出，都會在你的周圍形成網絡。

在這個過程中，你會逐漸看清生於這個時代的「自己應該做的事」。

「自己應該做的事」絕對只能靠你自己去發現。

未來你建立的人際網絡會漸漸擴大，並與我的人際網絡重疊。說不定哪天，我會經由熟人的介紹與你相識。

不，或許不用透過他人介紹，而是直接將工作交給你處理。屆時為了能夠獲得你的協助，我也會日日不懈怠地勤奮工作。

如果有一天能夠一起工作，希望我們能夠興致高昂地討論「推動世界的假說」，讓這個社會朝向更美好的方向前進。

瞬考41

思考「對方不知道，但應該知道的事」，終其一生堅持「聞一查十」的習慣。

致謝詞

在這本書出版之前，我獲得許多人的幫助，能夠完成這本書絕非我一個人的功勞。任職於橫川惠普公司時，石澤稔先生熱心地指導我，並啟發我「背誦公司四季報」的動機。沼畑幸二先生（株式會社Acirillera創辦人）教導我身為系統工程師（ＳＥ）的基本功。在ＢＣＧ遭受多次挫折且幾乎心灰意冷時，耐心指導我、天天鼓勵我的重竹尚基先生和八橋雄一先生。在ＤＩ公司設立之後，一起克服各種困難的前輩和同事們。

不僅是多年的老朋友和前輩，而且從零開始教導我娛樂產業知識的笠井一二先生（前富士電視台製作人）和丸山茂雄先生（前索尼音樂娛樂總經理）。在與許多人一起工作的過程中，商業製作人的概念油然而生，進而形塑出「瞬間思考」這樣的思考方式。

最後我要感謝的是，不只是擔任編輯，還以製作人之姿一起工作的金山哲也先生（KANKI出版）。

雖然無法在此一一列出，但我想藉著這個機會向所有曾經幫助過我的人致上由衷的感謝。

國家圖書館出版品預行編目 (CIP) 資料

瞬間思考：掌握機制、建構假說，不被淘汰的新時代關鍵思考力／山川隆義著；駱香雅譯 . -- 初版 . -- 新北市：方舟文化，遠足文化事業股份有限公司，2024.05
面；　公分 . --（職場方舟；27）
譯自：瞬考：メカニズムを捉え、仮説を一瞬ではじき出す

ISBN 978-626-7442-16-6(平裝)

1.CST: 企業管理　2.CST: 思考　3.CST: 職場成功法

494　113003762

職場方舟 0027

瞬間思考

掌握機制、建構假說，不被淘汰的新時代關鍵思考力

瞬考 メカニズムを捉え、仮説を一瞬ではじき出す

作　　者　山川隆義
譯　　者　駱香雅

封面設計　萬勝安
內頁設計　莊恒蘭
資深主編　林雋昀
行銷經理　許文薰
總 編 輯　林淑雯

出 版 者　方舟文化／遠足文化事業股份有限公司
發　　行　遠足文化事業股份有限公司（讀書共和國出版集團）
231 新北市新店區民權路 108-2 號 9 樓
電話：（02）2218-1417　　傳真：（02）8667-1851
劃撥帳號：19504465　　戶名：遠足文化事業股份有限公司
客服專線：0800-221-029　　E-MAIL：service@bookrep.com.tw
網　　站　www.bookrep.com.tw
印　　製　呈靖彩藝有限公司
法律顧問　華洋法律事務所　蘇文生律師
定　　價　400 元
初版一刷　2024 年 05 月
ISBN　978-626-7442-16-6 書號 0ACA0027

方舟文化官方網站　方舟文化讀者回函